行动的勇气

弘丹 何伊庭 俊伊 ◎ 主编

文化发展出版社
Cultural Development Press
· 北京 ·

图书在版编目（CIP）数据

行动的勇气 / 弘丹，何伊庭，俊伊主编. -- 北京 ：
文化发展出版社，2024. 11. -- ISBN 978-7-5142-4521-9
Ⅰ. B848.4-49
中国国家版本馆 CIP 数据核字第 2024HU2723 号

行动的勇气

弘丹　何伊庭　俊伊　主编

出 版 人：宋　娜
责任编辑：孙　烨　　　　责任校对：侯　娜
责任印制：邓辉明　　　　封面设计：孙　怡
出版发行：文化发展出版社（北京市翠微路 2 号　邮编：100036）
网　　址：www.wenhuafazhan.com
经　　销：全国新华书店
印　　刷：河北盛世彩捷印刷有限公司

开　　本：880mm × 1230mm　1/32
印　　张：10.25
字　　数：196 千字
版　　次：2024 年 11 月第 1 版
印　　次：2024 年 11 月第 1 次印刷

定　　价：59.00 元
I S B N：978-7-5142-4521-9

◆ 如有印装质量问题，请电话联系：0318-6658666

序言

“爱真的需要勇气”，而行动更是如此。

梁静茹的《勇气》脍炙人口，给了很多人爱的勇气。其实，生活中的选择和行动也同样需要勇气。

很多时候，我们并非能力不足，而是缺乏勇气，阻碍了我们迈出关键的那一步。行动的勇气，是一切改变的源泉。

回顾过往的人生，你最感谢自己曾经做了哪个决定或行动?

我最感谢2015年1月4日，26岁的我，早起1小时，写下400字日记。当时的我，阅读了一篇公众号文章，讲的是通过写作记录自己的所想所思，我被深深打动，第二天就早起写日记。感谢9年前的自己，拥有行动的勇气。

这个小小的举动，改变了我的职业生涯，让我从一个IT女工程师，转型成为一名内容创业者，也成为已出版7本书的作家。

所以，当《行动的勇气》这个书名出现在我的脑海里时，我的内心是非常激动的。我人生中很多关键的时刻，都源于行动的勇气，让我抓住了宝贵的机会，实现了人生的跃迁。

就像我在《时间的格局》里写的：“唯有梦想值得让你焦虑，

唯有行动才能解除你的焦虑。”唯有行动才能打破恐惧和焦虑。

《行动的勇气》这本书，不仅是激励他人，更是时刻提醒我自己，当我退缩、犹豫时，可以这样激励自己：“我是《行动的勇气》的主编，我要成为这本书的最佳代言人，我要成为勇敢面对生活的人。”

如何拥有行动的勇气？分享3个让你立马就有行动力的方法。

第一，72小时法则，即刻行动。

《小狗钱钱》里介绍了72小时法则。当你想做一件事时，必须在72小时内行动。

当你的热情正高涨的时候，就立马去行动。今年（2024年）9月，我准备开启自己的播客。我很快就约了第一位访谈嘉宾，在短短10天内，就录制了9期节目。并在9月中旬，在小宇宙App上开通了“弘丹写作”的播客栏目。

我们不仅可以应用72小时法则，还可以缩短时间，比如24小时法则、12小时法则等，让自己更快行动起来。

第二，微行动法，毫不费劲地启动。

很多时候，行动之所以让人畏惧，是因为目标过于庞大。我们可以把大目标分解成“微行动”。

写一篇文章，也是需要勇气的。很多人害怕自己写不好，因此总是拖延，不愿意动笔写。

我经常在写初稿时对自己说：“初稿写成什么样都没关系，先把自己的想法写下来。”

《写出我心》的作者娜塔莉·戈德堡说：“我有写出世上最烂的垃圾的自由。”这句话，让我放下对初稿的过度期待。写不好也没关系。

写一篇文章都需要行动的勇气，更不用说做一些有挑战的事情。

微行动，就是毫不费劲就能做到的行动。就像我一开始写作，不是写一篇优秀的公众号文章，而是写400字日记，这就是毫不费劲就能做到的事情。不要想着一次就做到完美，可以分步骤进行，拆解成微行动，先迈出第一步，逐步完成大目标。

第三，无失败人生法则，人生没有失败，只有经历。

很多人不敢行动，是因为害怕失败。其实，人生无所谓失败，只要你做了，不是得到就是学到。把人生当作一场体验，不要仅仅用成功和失败来衡量自己。任何发生在你身上的事情，都可以变成成长的养料。

塞翁失马，焉知非福。曾经你认为的失败，也许正蕴含着未来的机会。

人生的道路上，不断会有新的挑战、新的困难，勇气会让我们一路披荆斩棘。让我们一起成为勇猛精进的人。

《行动的勇气》这本书，汇集了38位作者的生命故事，书里每一位作者的故事，我都阅读了好几遍，被大家的故事深深打动。

让我们一起阅读每位作者的文章，见证他们在遇到挑战时，是如何走出困境，用行动解决问题的，相信也会带给你行动的勇气。

何伊庭 歌手，专栏作家，主持人。作者通过个人的多彩人生经历，展现了坚持梦想、不断学习和勇于面对挑战的精神。她的故事鼓舞人心，证明了无论年龄多大，努力和行动都能开启成功之门。

俊伊 创业赋能教练，拥有20年的演讲及培训经验；营养及健康管理咨询师；创办涵舍｜健康汇；读书会创办人，举办读书会超20年。文章通过个人成长和职业转变，生动展现了勇气、行动和持续学习的重要性。作者的故事鼓舞人心，证明了不断追求自我超越和实现梦想的可能性。

曾玉婷 高级儿童阅读指导师，北京大学阅读课领读者计划结业学员，具备国际汉语教育工作经验。文章展现了作者从困境中自我突破的心路历程。通过不断学习与自我提升，最终实现职业转型，传递了坚持与自我成长的正能量。

一蓑烟雨 小学数学教师，爱折腾的90后。她以深情的笔触讲述了从教育到生活探索，再到回归教育的心路历程，展现了作者对生活的热爱和对梦想的坚持。

饶清 国家二级心理咨询师，国际生涯规划师，在职心理生涯教师，天骄博雅升学规划院创始人，幸福家长学院创始人，《七把金钥匙，解锁超强学习力》作者，心理辅导学生2000余人，升学指导上千人（包括南洋理工、港大、悉尼大学等QS20名校）。其文章以自身奋斗历程为脉络，深刻阐述了逆境中成长、自我超越可以开启成功之门并实现梦想，非常鼓舞人心。

李易遥　性格天赋解读师，高级心理疗愈师，家庭教育指导师，传统文化研习者。写作技能成为她职业生涯的重要傍身之技。她居安思危，主动寻求新的突破，探索人生更多可能，找到了自己的天赋使命。音乐是她心灵的驿站，心理疗愈是她热爱的事业。

莉莉安吴　热爱阅读的写作教练，深耕教育行业15年，《Hello，宝贝》《和宝贝一起成长》《了不起的发光女孩》联合作者。文学为她打开了新世界的大门，进而圆梦入职心仪报社。但作者并未停下前进的脚步，接着在每个人生角色间跃动，努力在旷野中狂奔。

美瑶　17年银行人，二孩职场妈妈，ESG投资证书持证人。在银行系统的工作历程，锻炼了她的专业技能，更培养了她坚韧不拔的意志和对细节的关注。她对生活充满热情、不断追求自我提升，始终紧跟热门行业的脉搏，致力于考取国际认可的证书。她还成功考取了应用人工智能硕士。

温暖智慧进哥哥　深耕职场31年，专注组织人事与人力资源工作23年。曾任多刊（报）主编、副主编、编辑及记者，编辑写作文稿超160万字。现致力于企业品牌建设、管理和人才培训。他丰富的人生体验和深刻的思考，揭示了行动与勇气的关系，情感真挚，激发了读者的共鸣。

刘克娟　100天考取全日制211高校硕士，世界500强企业市场营销人员，公众号阅读量10万以上文章作者，小目标爆破法践行者。在老师的影响下，她突破自己，向上生长。她的成事秘籍是“找到热爱，持续行动”。

穆英 拥有40年教育经验，非暴力沟通实践者和推广者，同理倾听师，终身学习成长践行者。她在脆弱与坚韧中寻找人生真谛，工作退休但生活不褪色，凭借教育热情和初心续写事业新篇章。在工作和生活中，积极将非暴力沟通的理念付诸实践，以开放心态拥抱多彩人生。

柯美彤 从事教育工作20年，培训过3000多名学员，她是中国民建委员，中国青联市级常委，旭阳教育创始人、美彤读书会创始人、心理咨询师等。文章讲述了作者坚韧不拔、勇于追梦的励志故事，她从贫困中奋发向前，克服重重困难，最终成就一番事业，体现了行动的力量和梦想的价值。

吴燕琴 一个自我成长的终身学习者，一个受蒙台梭利教育启迪的实践者，一个物流资深舵手。她在文章中通过自己的个人经历，生动展现了一个追梦者在物流行业的奋斗和成长。她的故事充满了坚持和勇气，激励人们面对挑战，追求卓越。

培灵 心理咨询师、美国NGH高级催眠治疗师、财富幸福力教练，《安妮聊经济学》《商业模式创新设计大全》等专著译者，网络小说《情殇尼罗河》作者。文章展现了她从迷茫到找到自我的转变，文笔流畅，情感真挚，鼓舞人心，传递了坚持和勇气的重要性，激励读者勇敢追梦。

徐亿亿 多平台上稿作者，喜欢读书、看电影、运动和旅行，极简主义和终身成长的践行者。她的故事贴近现实，易引发共鸣，鼓励读者以行动克服恐惧，实现梦想。

徐开闻 90后，孕期被录取为纽约大学社会工作研究生，亚利桑那州立大学心理学研究生在读，外企500强企业资深高管助理10余年，中国第二批赴澳大利亚打工度假签证持有者，本科期间两次去欧洲当交换生。她用自己的坚强告诉我们，在不断前行的道路上，不但要有行动的勇气，更要有选择和应对的智慧。

杨春兰 演讲、写作教练，16年职场人，40岁失业，一年后通过写作和演讲获得改变，现积极寻找新的事业机会；公众号“春兰读书演讲”主理人。她以个人转型经历，展现了作者在面对职场和生活转折点时的勇气和决心，传递了积极向上的人生态度。

巴格格 中国人民大学管理学学士/西安交通大学MBA，驰骋世界500强企业9年，品牌营销工作有15年经验。文章讲述了作者实现梦想的励志旅程。通过个人奋斗的故事，传递了坚持与勇气的力量，鼓励人们面对挑战，勇敢追梦，具有很强的启发性和感染力。

李健 家庭医生，全科医师。《读书会创始人》合著作者和《解码自控力：人生成功与幸福的秘密》联合出版人。作者通过插花、减脂增肌和健身，学会了如何与自己好好相处，更深刻地感受到自然的力量。作者领悟到要勇敢地迈出第一步，尝试新的事物，珍惜生活中的每一个瞬间。

李春红 点灯读书创始人，黑天鹅小而美商学园主理人，丑小鸭图书公益项目发起人。文章以作者个人奋斗历程为线索，展现了她不屈不挠、勇于尝试的精神，传递了积极向上的力量，激励人们敢于面对挑战，找到人生方向。

青春 自媒体博主，热爱读书写作，专注个人成长，终身挑战自我的成长者，希望帮助更多人实现自我成长。其文章通过亲身经历，生动展现了在平凡生活中不断挑战自我、追求成长的过程，鼓励人们勇敢面对困难，积极行动，从而实现个人价值和梦想。

王静 18年老银行人，12年育儿路上的探索者，两个孩子的妈妈，专注女性财商、亲子财商领域，关注妈妈成长。女主人幸福商苑合伙人，高级青少年财商指导师，亲子财商讲师，高级家庭教育规划师。她自我成长和育儿的经历，展现了她在挑战中不断学习、自我探索和实现价值的过程，鼓励人们勇敢行动，追求成长，实现自我超越。

刘一锦 国家CBC认证美容师，国家二级心理咨询师，85后跨行业连续创业者，是两家公司创始人。作者历经创业的沉浮，领悟到选对项目至关重要，向高人付费学习，融入优秀的圈子，才是实现事业质的飞跃的关键。改变从换圈子开始，持续学习，终身成长，方能创造无限可能。

杨琴 会计师，文佳教育创始人，家庭教育指导践行者。她深刻反思了原生家庭的影响，并以个人成长经历为例，探讨了自我觉醒和改变的可能性。倡导勇敢面对自我，成为自己生活中的光，传递了积极向上的人生态度。

怡静 爱生活，爱读书，爱写作，把写作当成终身事业，努力活成自己想要的样子。她的个人成长故事，真实地展现了战胜内心恐惧、重拾写作梦想的过程，激励人们勇敢追求内心的真实自我。

陈姗姗 10余年企业品牌策划管理经验，4年幸福力陪伴者，3年热爱生活的旅行主理人。文章引导读者探索内心，寻找真正的幸福。通过个人经历和深刻洞察，鼓励人们放下外界标准，活出自我，实现心灵的富足和自在。

钟海 斜杠青年，终身学习者，三级拆书专家，设计人生认证教练，职业生涯规划师。作者通过自身奋斗史，展现了逆境中的成长与自我超越，激励人心。

周丽辉 二级心理咨询师，国际注册戒瘾辅导师，戒瘾心理咨询师培训老师，成瘾者家庭系统支持疗法创立者。作者以亲身经历为线索，通过个人转变和专业成长，展现了成瘾者及其家庭的希望与重生。

方楠岳 人大经济学博士，美国前10商学院硕士，世界500强企业管理岗。文章通过作者的职场经历和心路历程，深刻揭示了名利的束缚和内心觉醒的重要性。倡导通过自我反省和行动，打破局限，实现人生的真正价值和意义。

澜儿 晚熟人俱乐部发起人，心理咨询、天赋挖掘师；专注于晚熟人生命成长，深耕16年，拥有千例成功个案。作者的故事鼓舞人心，展现了晚熟者的成长与自我超越，传递出坚持与希望的积极信息。

王丽红 实体店创始人IP，百万私域成交教练。在文章中讲述了自己从农村女孩到成功创业者的奋斗历程，其面对困难的勇气和坚持，以及不断学习和自我突破的精神，很值得读者学习。

徐丽娅 深耕烘焙行业10年，服务30个烘焙品牌商家和300多家实体门店，帮助一家小店获得抖音流量3.1亿，通过单条视频引流千人到店消费，一个品牌单个产品一个月的销售额突破200万元。其文章再现了她在烘焙行业的奋斗和成长，在她的经历中读者可感受到行动的勇气和终身学习对一个人成长的重要性。

程碧娟 20年港澳及海外升学规划经验，亚太教育研究院升学规划专家、教育学博士、多元升学开拓者。她以跨界之旅为主线，深刻阐述了从医者到教育者的转变与成长。通过教育实践经验，展现了作者对培养未来人才的热忱与使命感。

子周 “子周说文案营销”公众号主理人，个人品牌文案创富导师，中国科学院认证咨询师，10年营销文案实战以及7年互联网AI上市企业运营经验。文章以作者的个人成长历程为主线，讲述了一个95后女孩通过不懈努力，在写作领域实现自我价值的奋斗故事。

美媛 商业美学导师，拥有16年美学与商业运营经验，高价值商业变现循环体系创始人，全网有20万粉丝。她以自身不屈不挠的成长经历，传递了坚持与奋斗的力量。经过38年的努力，她取得生活和事业双丰收，并且找到了自己的梦想蓝图，即使手握一把烂牌，也要赢得漂亮。

米哈 艺术硕士，批量发售操盘手，有9年产品、项目负责人经验，《集创思维设计矩阵》联合作者。她有着破釜沉舟般去行动的勇气，这促使她一次又一次不断迭代升级，在自己的人生道路上不断向前进，在行动中获得机遇并发现了自己的热情所在。

美帆 国际认证热情测试督导师，励帆教育创始人，天赋创富教练。她勇于突破自我，坚定内心信念，成为点燃生命热情的热情导师，结合自己的天赋和热爱，帮助他人进行自我探索，点亮他人的生命之光，活出了真正的自我。

西祖 读书博主，年阅读100多本图书；纸媒上稿100多篇的创作者，《AI写作宝典》金牌私域营销顾问。其文章语言流畅，情感真挚；故事贴近生活，易于共鸣；逻辑清晰，层层递进，展现了自己通过阅读和写作实现自我成长和价值的励志旅程。

非常推荐你添加本书作者们的微信，跟作者们近距离交流，围观他们的朋友圈。也可以来添加我的微信，在未来我会帮助至少1000位作者实现出书的梦想。

最后，我要感谢每一位作者，我们一起书写自己的生命故事，共同创作这本书。也特别感谢大咖书房的用心策划，为这本书的出版付出了很多心血。

同时，感谢阅读这本书的你，特别开心我们因书结缘。希望这本书可以带给你行动的信心、勇气和力量。期待你敢于行动，勇往直前，追求属于自己的梦想与人生。

弘丹

2024年9月20日

于上海

目录
CONTENTS

02

行动的勇气 ››

04

行动的勇气 ››

扫码添加《行动的勇气》联合作者

弘丹

何伊庭

俊伊

莉莉安吴

美瑶

温暖智慧进哥哥

刘克娟

徐开闻

杨春兰

巴格格

李健

杨琴

怡静

陈姗姗

钟海

徐丽娅

程碧娟

子周

美媛

合集出书 »»

帮你从 0 到 1 实现出书梦想

今天，出书不再是少数人的机会。「大咖书房」为了帮助普通人实现出书梦想，正式发起了「畅销书 IP 计划」。

我们将和知名畅销书作家、资深编辑和写作导师一路，带你深度体验写书出书的关键过程。即使你从未有过任何写作和出书经验，也能在大咖书房的精心辅导下，实现自己期待许久的出书梦想。

独著出版 »»

畅销书 = 流量 + 影响力 + IP + 产品 + 变现

出一本书，就意味着你在该领域的影响力、发言权和领先地位。而成功打造一本爆款畅销书，能让你的影响力快速放大，为你带来更多领域上的成功。

如此多的知识作家和 IP 愿意选择**大咖书房**，

就是因为我们能为你带来**高效专业**的

定位、写书、出书、推广和销售的全站式服务。

曾玉婷

一蔓烟雨

饶清

李易遥

穆英

柯美彤

吴燕琴

徐亿亿

李春红

青春

王静

刘一锦

周丽辉

方楠岳

澜儿

王丽红

米哈

美帆

西祖

何伊庭

跌宕起伏的经历，
铸就丰富多彩的人生

歌手

（获才艺大赛铜奖和歌手大赛优秀奖）

专栏作家

（完成一本畅销书合集，两个专栏课，两篇短篇小说）

如果在我23岁的时候有人跟我说“未来你会成为一名歌手和专栏作家”，我是绝对不会相信的。因为那时的我，在大国企的经营部门工作，虽然拥有一份在他人眼里光鲜亮丽的工作，薪资也不错，但是我却不喜欢这份职业，内心非常迷茫，不知道自己的未来会不会像这样一成不变，没有一丝波澜。

01 只要努力，人生从什么时候开始都不算晚

我从小就喜欢唱歌，25岁的时候，还曾拿出一个月的工资专门去学习演唱技巧，那时候同事们经常一起去唱卡拉OK，同事的老公（也是我的发小）甚至打趣说，我像林忆莲，应该给我包装一下，我还故意将他一军，说：“那把你家车卖了吧。”

后来参加集团党校的培训，刚到那里不久，参加同学们自发组织的卡拉OK活动，没想到貌不惊人的我，演唱了孟庭苇的《风中有朵雨做的云》和韩红的《青藏高原》后，大家热烈地为我鼓掌。

2020年的后半年，我无意间知道潭州教育有通过网络学习唱歌技巧的课程，这激发了我想再次学习唱歌的热情，经过上课、不断练习、完成作业、上交毕业作品，我顺利完成并通过了成都大学中国东盟艺术学院音乐与舞蹈学院颁发的《成都大学人文艺术类课

程》的考核，开启了歌手的音乐之旅。

这期间我曾因为用嗓不当，声带撕裂疼痛，不能出声。那时候我以为自己以后再也不能唱歌了。

苍天不负有心人，通过积极配合医生治疗，我的嗓子终于又能唱歌了，我很珍惜再次唱歌的机会，它也让我懂得了合理安排学习和休息的重要性。

今年已经是我参加各种唱歌培训的第4年了，这一路走来，我参加了各种各样音乐老师的培训班，同时也参加了一些跟唱歌相关的乐器课程培训班。

生命不息，学习不止，学习就是一个螺旋上升的过程，我的演唱能力也随着学习日渐提高。

我曾经有一次连续直播8小时，自己给自己做造型，并演唱风格迥异的歌曲，这些作品见证了我一路的进步和成长。

“不积跬步，无以至千里”。2024年，我参加了两个唱歌比赛并获奖：在“魅力绽放”2024年第4届全国中老年才艺电视网络展评大赛上荣获铜奖和专家评审铜奖；在2024年全国首届“星光奖”歌手公开大奖赛上，荣获专家评审优秀奖。这两个奖项，是对我最好的鼓励和认可，激励我一路向前。

02 坎坷经历，助我完成华丽转身

2019年1月，我因为一次意外，导致坐轮椅5年，再加上新生儿的出生，选择既热爱又不耽误带孩子的事业，成了当务之急。

因为从小喜欢看名著和各种各样感兴趣的书，于是我萌生了写作的念头。

说干就干，有了想法，便要有积极的行动，于是我报名参加了各种写作课程的培训，边学边干，同时自己策划选题，创作了上千篇自媒体文章和视频。

2023年我自主创业，总结了自己在大国企15年的经营管理经验，完成了第一个有关职场的专栏课程《职场实战沟通干货口袋专栏》，有需要的人遇到专栏中类似的问题，可直接从手机里找到专栏课的相关章节做参考，我也完成了成为专栏作家的转型。

离开大国企之前，我想转行。因为喜欢穿漂亮衣服，于是我利用周末的时间，去西蔓色彩学习日本个人形象管理咨询的课程，同时通过了色彩搭配师二级、三级证书的考试，为离开大国企转行做知识储备。

后来，我以市场专员的身份进入西蔓色彩的形象空间工作半年，陪着顾问老师们到全国各地讲课，同时跟顾问老师一起带客户去大商场陪购，挑选适合顾客的衣服，并跟顾问老师去顾客家里，做衣橱整理工作，把不适合顾客的衣服挑出来，让顾客自行处理，适合顾客的衣服搭配好，重新放置在衣橱里，方便顾客穿着。

经过个人形象管理大公司的学习，以及进入公司实战经验的积累，我辞职并陆续开了3家服装店和一家形象空间，完成了从理论到实践的过程。

后来一次偶然的机会，学习了很多美容护肤、营养等方面的专业知识，并且锻炼了主持、讲课能力，同时参与实操，后来又参加其他机构的系统培训，考取高级国际注册健康管理师、高级国际注册营养师证书，我把考证毕业论文的内容拍成视频发布，单个视频播放量达到几万次。

03 你的阅历就是你最宝贵的财富

当我们遇到事情的时候，只有行动的勇气，才能助我们走出困境，因为你如果已经在谷底了，那你无论往哪个方向走，都是向上的，都是往好的方向前进，因此，勇敢行动才能助你逆风翻盘。

2005年和2009年，因为赶上房产升值的红利，投资买房赚了钱，于是我开始参加国内各种房产投资、金融的课程培训，补充理论知识。

2017年，因为需要贷款，咨询家附近各家银行的贷款政策，以及需要的贷款资料，看我的条件符合哪家银行的要求，再拿着准备好的贷款资料，联系那家银行的贷款经理，然后找靠谱的金融中介机构配合，终于从银行贷款下来。

在贷款、还款过程中，我也遇到过有私心的银行客户经理，历经多次银行贷款，不仅增加费用，同时耽误时间，也遇到过中介机构半路坐地起价，索取高额中介费的情况，有的甚至闹到派出所报案，因为与多家银行、中介机构打过交道，经历过过桥垫资、房产抵押贷款等多种贷款实操，我也对银行贷款有了深刻的认识，久病成医，我成了半个贷款专家。

几年间也遭遇过各种被坑钱事件，为了维护我的正当权益，经历过打官司开庭，自己亲自为自己辩护的情况，中间也有为了节省时间后期聘请几拨律师的经历。

在处理这些事件期间，因为有多年前参加法律培训的基础，再加上我不断地在网上看各种专业律师的视频，跟他们学习有关的法律专业知识，并且把这些专业知识应用到实操中，让我清楚地了解到，个人打官司，收集证据、请到适合的律师很关键，同时自己也要多上心。

一次偶然的机会，我接触了“花生日记”，那是微商发展的初期，我当时还没太明白“花生日记”到底是怎么回事，但是我抱着试一试的态度，心想，即使以后干不成，但是我锻炼了通过微信复制团队的能力。

所以无论遇到任何事，开始行动最重要，在干中学，边学边行动。

那时候我就是简单复制上级领导的微信话术，然后群发，有人提问题，我就把标准答案发过去，操作简单方便。

那时候这种复制模式还很少见，可见任何事掌握先机很重要，提前做那个吃螃蟹的人，敢为人先，才能尽快拿到结果。

我之前在大国企分公司做经营部长的时候，手下最多的时候管理7个员工。后来我做直销，手下最多的时候管理几十人。但是做“花生日记”时，我管理的人员达到30多人，整个团队达到500多人，快速实现了团队的发展。

我们经常听很多管理课程，教大家各种各样的管理方法，想法都很好，但是在实践中，实操管理，更是直接，有些方法是在实践中获得的，实践出真知。

经常有人问，什么样的人能成为专栏作家，其实你的人生经历就是最宝贵的财富，“天将降大任于斯人也，必先苦其心志，劳其筋骨”，我所经历的一切磨难，都是我未来写作的最好素材。你把你做过的有经验的事分享给有需求的人，解决别人的实际困难，你就成为这个领域的专家了。

人生没有白走的路，每一步都算数。

遇到问题的时候，只要有勇气行动起来，不断地想办法向专业人士学习，自己主动开动脑筋，想办法解决问题，才是关键。

能力就是在不断地实践中，一步一步提升的；心理承受能力，也在慢慢增强，这大概就是阅历。经历的事多了，你在不断解决问题的过程中，也会变得越发成熟，再遇到事情，心里也会变得波澜不惊。

因此，无论你想做任何事，想法再好，不行动，一切都是零。迈出第一步，行动的勇气，是你开启任何人生旅程的不二法则。

俊伊

用勇气
点亮人生跃迁之路

创业赋能教练，拥有 20 年的演讲及培训经验
营养及健康管理咨询师，创办涵舍 | 健康汇
读书会创办人，举办读书会超 20 年

当你每天奔波在各个角色之间时，有没有给自己一点时间，静下心来问问自己：我是否在享受妈妈（或者爸爸）这个角色？我喜欢自己的这份工作吗？我对目前的收入满意吗？我的家庭氛围让我快乐吗？我每天有足够的时间做我自己吗？还是说，走着走着，不知道什么时候，你已经迷失了自己！

当你面对生活中的不如意时，你是选择将就、忍受……还是选择改变？

在写这篇文章的时候，我把自己的人生梳理了一遍，很庆幸自己：没有辜负年华，也没有辜负时代，最重要的是没有委屈自己！——当我在工作中遭遇了不公平对待的时候，我选择辞职创业！当我对“外面的世界”心生向往时，我选择离开家乡！当发现眼前的努力不能带我去梦想的彼岸时，我选择更换赛道！当我跌落谷底的时候，我选择就地反弹！……最终我收获到了不断升级和迭代的自己。也就是说，我是我自己最好的产品！

这一切皆源于我对自己梦想生活的执着，而执着的背后是行动的勇气！希望通过我人生一次次的跃迁，能够点燃你的勇气，让你也能活成最好的自己。任何时候开始都不晚！

01 人生跃迁第一步：丢掉“金饭碗”

23岁的我，做出了一个仿佛穿越25年的决定，收获了一年顶20年的成果。

20世纪90年代，当“稳定”是金标准时，我，一个70后，却选择了辞职——辞去了那份被众人视为“金饭碗”的事业单位工作。没有家庭背景，没有下家，只有一颗“感觉不爽就辞职”的心。这一决定，让我感到无比自豪：23岁的我，做出了超越时代的选择。

1990年从学校毕业后，我进入三甲医院成为临床护士，一干就是4年。这期间，我渐渐发现工作的方方面面都非我所爱，包括工作环境、氛围、时间和待遇。1994年7月，诸多的“不喜欢”再加上一件让我愤愤不平的事，促使我决定辞职。而辞职前我认真思考了两个问题：一是辞职后能否养活自己；二是未来的收益对比当下的稳定收入及各种诸如养老、医疗、住房等方面的福利是否更胜一筹。关于第一个问题，我认为自己完全有能力；至于第二个，谁知道呢！管它那么多！遇河寻舟、见招拆招吧！不做怎么知道自己行不行？世界著名的领导力大师约翰·麦克斯韦尔说过一句话：不要等到所有的路口都同时亮起绿灯的时候才出发！

而我能养活自己的底气竟来自初中时的兴趣爱好——服装设计与制作。在没有人指导，也得不到父母支持的情况下，我学会了服装的设计、打版、裁剪、缝纫，从一块面料到服装成品，我一个人完成！这不禁让我想起那句话——唯有热爱，可抵岁月漫长；唯有热爱，不畏世间无常。是的，在真正的热爱当中，没有“困难”两个字！

上班两年后，我凭借着这份技能，利用休息日定制服装，赚到了4倍于工资的收入，我的作品参赛获奖，更是给了我莫大的信心，鼓励我勇敢地迈出辞职这一步！这段经历也给了我一个很重要的启示：永远不要拿“是否有用”来衡量一个兴趣或者爱好要不要持续下去，很多时候，爱好是人生最好的备胎。

辞职之后的每一天，我的工作时间都比上班时更长，但我乐此不疲。我用一年时间赚到相当于当时近20年的工资总额。一年半后，我带着第一桶金离开了我生活的那个五线小城市，来到广西首府南宁，开创了自己的制衣工作室“金线制衣”，开启了我的离家创业之路。

回顾人生第一步跃迁：打破“金饭碗”，从小城市来到首府，掌握一项实用的技能是我的底气；勇气与行动则让我拿到一年顶20年的结果。若你有梦想，就勇敢去追吧！

02 人生跃迁第二步：源于一个“懒惰”的想法

离家创业一年后，我发现“收入减去支出”后根本看不到“发财”的迹象，而自己正在过着“干才有，不干就没有”的生活。我想：有朝一日我因为生孩子不能工作的时候，收入就没了！到那时，我要不就吃老本，要不伸手跟丈夫要钱。于我而言，做一个“手心向上”的人是没有尊严的，因此我需要一个“即使不工作也能持续带来收入”的解决方案。于是我开始寻找突破口。

1999年，大健康行业方兴未艾。一次创业说明会和一堂财商课激发了我投身这一领域的决心，我希望通过建立自己的生意来实现财务安全，最终成为一个不为金钱所困的全职妈妈。

我果断调整方向：用服装生意维持生计，同时投入更多时间和精力学习营养知识、开拓市场，为建立个人事业打下基础……

03 人生跃迁第三步：行动的力量

要在新领域取得成功，我首先确定了获得正确建议的来源：从专业人士、行业先驱者那里获取指导和建议，并学会了屏蔽无建设性的建议或质疑，专注于自我提升和市场开拓。

我投入大量时间和资金学习，坚信投资与自我成长总是先于回报。《富爸爸财务自由之路》中提到：我们需要用成年人的眼光看待金钱、工作和投资。作为一个成年人就意味着你知道你必须做什么，并且去做。

在教练的指导下，我通过参与培训，领悟到：大量的行动和时间的积累是制胜的法宝。我将日程安排得满满当当却井井有条，把每两小时作为一个工作周期，确保：事前策划→过程高效→事后复盘。尽管如此，我得到的“No”永远大于“Yes”，而这恰恰是最正常的市场概率！所以根本无须在意。

面对拒绝和接受，我始终保持着一份平常心，并专注于“下一个”约谈……经过一年半持续努力后，我们实现了首个目标，我也在这期间遇到了我的另一半。我们培养了一支教练团队，经济水平得到显著提升。我结束了制衣业务，全身心投入大健康领域。

两年半后，再创佳绩，我们的市场规模扩大3倍，每月参加培训达300多人。我在个人成长方面得到了全方位的提升。曾经因为来自小地方、没有一张拿得出手的文凭，再加上自己不足1.55米的身高，都让我自卑！然而经历了4年多，我的表达力、演讲力、领导力、洞察力、推广力等都得到了大幅度的提升，我惊讶地发现自己居然有演讲的天赋，居然是一个属于舞台的人，每一次站在舞台上我都能让自己极致绽放！同时，我不断学习新知，并将所学转化为优势。从2004年开始我便受邀在全国各地演讲和开展培训，分享我的创业经历和经验、专业知识，以及构建美好生活的方案。

事业成功和经济基础稳固之后，我迎来了生命中的新角色——母亲。孩子的出生为我的生活翻开了新的篇章。我全情投入母亲的角色中，享受与孩子共度的每一天。为了给孩子一个更好的成长环境，我们重新购置了一套带有花园的房子，我在花园里搭建了阳光房，阳光房里安置了可以同时装下我和孩子的泳池。几乎整个夏天的午后，我都沉浸在阳光、水和孩子的笑声当中。这就是我想要的生活！面对此景，我觉得之前的所有付出都是值得的！

04 人生跃迁第四步：不畏惧再做一次

就在我以为生活会这样一直美好下去的时候，2022年一场突如其来的意外事件打破了眼前的美好！一切几乎都被冰冻了。失眠、脱发及一系列健康问题也接踵而来，那是我人生的至暗时刻。然而，多年阅读和学习的习惯在最困难时支撑了我，我读完了8本书，学习了新课程。4个月后，我战胜了我自己，我决定：再次出发，重拾我的生意！因为，失去的仅仅是看得见的东西，而真正无价的是自己走过的路、积累的经验和教训，以及能够创造财富的思维和智慧！

我扩大自己的阅读范围和人际圈，也听了很多知名IP的课，这让我越来越感恩2022年，我相信这是上天对我的爱，它用这个方式告诉我：方向不对，是时候该停下来思考了，是时候止损了。它并没有让我失去所有，它甚至还给我留下了很多，包括最值钱的都还在！我才发现这些年我忽略了很多东西。

于是我重新评估了自己的现状：我有什么？我缺什么？我需要做哪些事来改变现状？怎么做？对于继续跟随的人，我珍惜；其他的，我都尊重。

再一次出发，我聚焦三个重点：家人与健康、软技能提升、重新定位和设计产品。

首先，我改变了作息，组建了“早起效率营”，利用清晨时间进行阅读、规划、复盘和运动，并因此走进了弘丹老师的年度写作社群。仅仅是这个动作，就让每个人都拥有了更多的可掌控时间，也让读书这件事彻底落实下来。

其次，我调整了阅读范围和方法，成立了“涵舍|悦读荟”，通过读书连接到更多的优秀作者，也因为参加作者的用书营，让我不仅更会读书，还学会了用书！我们用书连接各个行业、用书帮助年轻人建立个人品牌、用书开启副业变现、用书撬动私域……

在健康社群方面，我们成立了“涵舍|健康汇”，开启了每月一期的15天“营养公益课堂”，精选课程，利用短视频和图文，适应现代人的碎片化学习需求，同时我还以我的专业能力把生活中与健康相关的实用经验分享给学员，这种方式迅速获得好评，不仅提升了学员的营养知识水平，也培养了社群运营官。

我将营养公益课堂作为入口，通过“一杯云咖啡”的方式，将流量引入“营养进阶课程”。在营养进阶课程中，我们融入了营养需求、疾病调理、抗衰老的正确思路，帮助学员规划个性化的健康管理方案。

我的理念是“利他”，让社群成员留下、喜欢、跟随，并变得更健康、年轻、幸福。我把性格与人生、亲子教育、两性关系和谐、传统文化、心理健康、情绪疗愈等所学融入社群，提升成员的生活质量和幸福力。

事业的曲线再度攀升，我总结了几点心得。

1.爱自己和家人，并让健康、悦读、创富三部曲形成美好生活的闭环。

2.专注成长，远离精神内耗，通过规划和复盘保持清醒。

3.投资学习，不仅要提升自己，还要提升身边的人。

成长是孤独的，但行动能治愈一切。勇气是行动的前提。只有你才能定义自己是谁，也只有你才能决定自己能否成功。作为一个长期主义者和终身学习者，在大健康领域，我将继续前行，用健康和悦读加持事业，形成闭环——未来不会因为赚钱而丢失了健康或者家庭，不会因为忙于事业而没有时间读书和成长，也不会在需要改善健康状况时经济拮据。

我鼓励每个有梦想的人都拿出勇气，行动起来。用“健康、悦读、创富”为你的美好生活赋能。我很愿意将这些理念分享给更多人，并能助力大家一起创造更美好的生活！

曾玉婷

你真正实现你所热爱的梦想了吗

高级儿童阅读指导师
北大阅读课领读者计划结业学员
具备国际汉语教育工作经验

因不善言辞，我多次陷入职业发展的困境。

也因热爱我的所爱，我如一棵小草般从黑暗中勇敢地迎着阳光向上生长。

01 起点再低，仍能蜕变生长

我的人生起点就如沧海一粟，就读于一所非常普通的本科院校。我的专业还是现在不少人在网上讨论的那样，不好找工作的人文社科类专业。

幸运的是我的大学老师常常鼓励我，不要因为没有别人绚丽耀眼就看不起自己。在与老师相处的 4 年时光中，我连续 3 年在学院拿下奖学金，同时也积极参加了全国大学生英语竞赛，荣获三等奖。并且当时我还在《羊城晚报》花地副刊发表了我人生中第一篇散文。这些成就离不开我的老师对我的大力支持。也正因为感受过师恩的伟大，在我心目中，教育应该如风过无痕，但是又静静地滋养着学生纯洁的心灵，在不知不觉中对青少年的思想观念产生积极的正向作用。乃至于毕业多年后，我的大学老师还跟我保持着经常性的沟通与联系，有时候我还会带上我的家属与老师相聚。

02 当象牙塔之梦遭遇社会现实，何去何从

尽管我的大学老师非常认可我在大学期间的表现，但是在就业的过程中我还是遭遇了我心中的理想与现实的巨大差距。由于没有研究生学历，我当时并不符合大城市或者市级比较好的学校招聘教师的条件。这一点甚至在我工作很长一段时间内成为刻骨铭心的遗憾。于是为了生存，我进入了一个平台比较差的地方当了一名小学教师，而且还是合同制，拿不到编制的教师。

这样的境遇让我非常难受，可是碍于当时刚刚毕业，丝毫没有工作经验，自身条件跟很多名校的毕业生相比，没有任何优势。于是我就这么做了一名合同制的小学教师，一干就是 6 年。

这里的孩子有些学习习惯并不好，尽管我苦口婆心教育了很多遍，依然没有起到良好的作用。甚至有些家长也不具备正确培养孩子的意识，对老师谈不上多尊重，更倾向于跟老师提各种不合理的要求，态度并不礼貌。有些教师平时的为人处世原则也与我心目中的理想教师人设相去甚远。这里的工作非常繁杂，也非常辛苦，更别提这期间我还担任了 5 年班主任，每天都要接听没完没了的家长来电，处理班里面各种突发事件，真的是身心俱疲，根本休息不好。

03 当职业遭遇黑暗，如何绝地反击

每一个圈子都是一个“小江湖”，有人的地方就会有纷争。由于工作期间不善言辞，也不喜欢一天到晚刻意凑到一起聊八卦，做什么事情都比较独立，有些人就觉得我性情孤僻。很多时候都是自己一个人默默承受了很多委屈，然后不停地默默解决问题。久而久之，也就觉得凡事总是靠别人是靠不住的，只能靠自己。

但是并不是所有人都喜欢你这样的性格。在这种氛围不太积极的环境中，总会存在不和谐的声音和过于难听的话。因为不擅长经营关系，也不懂得逢迎领导，只会在自己喜欢的小天地里过自己的生活，我的职场发展之路并不顺利，2019—2021年上半年甚至经历过被否定、打压和来自周围人的刁难。在很长的一段时间内，我没有得到什么荣誉，没有课题，没有论文发表，也没有别人看得上眼的学科业绩……在其他教师什么都有的时候，我一无所有。不仅一无所有，有时候我还要承受来自他人不友善的炫耀与职场刁难，更有不怀好意的人在背后说我不适合待在这个行业。我也反思过，是不是我不会拍马屁，但是我知道我天生就学不会这一套，总觉得做点该做的事，对得起一个当老师的职责就可以了，并不需要刻意、过多勉强自己。但我还是逐渐开始自卑，那股大学期间来自老师鼓励的自信也在这种日渐内耗的工作中荡然无存。由于长年工作

不开心，导致肝气郁结，在之后这几年，我的身体愈发不好，经常这里生病那里生病。我求医问药，光治病就花了不少钱。这样的身体是无法承受高强度的工作的，于是我需要经常请病假，好在最后这两年去的一个学校中的新领导并不会刻意刁难我，我也看淡了一些事情，之后这两年在职场中不争不抢，没什么存在感，专心调理身体。

我懂得在职场中勉强没有幸福的道理，于是学会平复情绪后，我就发现我的生活开始有了一点阳光。因为经历过黑暗，我觉得什么都不如自己的身体重要。没有健康的身体，没有良好的精神风貌，最终都是“徒劳无功”。当有人还在追求虚无缥缈的所谓“荣誉”而与别人在这里斗得不可开交的时候，我开始往别的真正有价值的地方发力，不断出席各种正向的教育会议，省级的，国家级的，只要是有利于行业的正向发展的，我都主动积极参与，因为我知道这样的机会不容易得到。在机缘巧合之下，也因为自己心态的阳光，我遇到了不少真正的“贵人”。她们勇敢、自信、向上、充满正能量，对自己独特的梦想的追求有一种异于常人的执着。在她们的感染之下，我逐渐变得自信，阳光开朗，敢于表达自己内心最真实的想法，而不是惶惶不可终日，留在无法施展才华的地方浪费时间。我想抓紧好春光去过一种自己真正热爱的生活，完成自己真正想要完成的使命，实现自己真正想要实现的梦想。

于是，在我伴侣的支持下，我于2023年11月正式递交了辞职报告，结束了这份让我并不顺心如意的工作。

04 走出来后，如何重获新生

刚走出来的那段时间，我承认我的确非常焦虑与迷惘，心里空落落的，不知道该从哪里入手开始新的生活。于是，我的伴侣跟我说："你这几年太多负能量了，趁着这个空窗期，应该好好放空自己，想清楚自己最热爱的是什么，才能重新出发。"我觉得他说得也挺有道理的。于是，我用了整整13天的时间独自去长三角旅行，去观赏青山绿水，也去与志同道合的朋友们相见。

一趟旅行下来，我确实觉得人生的思路更清晰了，于是我也不着急赶路了。我选择了去提升自己，去进修。如果你自己不强大，还有诸多脾气，又拎不清职场状况，甚至同流合污，很多人也会说你的不是；如果你自己够强大，就算你独来独往，只跟自己喜欢的人交朋友，人家也会说你挺有个性的，话就变得好听了不少。领悟了事物的真谛，我通过努力顺利进修北大阅读课，同时也顺利与四川省最高水平的教育界同人们一起学习。

2024年上半年我马不停蹄地进修。我逐渐也不焦虑了，每天与一群志同道合的小伙伴们一起做一件非常有意义的事，生活过得很充实。这种美好的体验是我以前从来没有过的，当我看到我通过自己的努力顺利拿下北大阅读课结业证书，我仿佛重新找回真正属于我的价值感。一路过关斩将拿下儿童阅读领域的中级指导师证书，并且还顺利晋升为高级的时候，我不禁感慨原来曾经的我并不是他人说的那么差劲，只是因为我不喜欢勉强自己做不愿意做的事，也不愿意额外做超出一个老师该做的事。我如果找到了真正属于我的热爱的使命，可以迸发出前所未有的强劲的生命力。

拿下各种证书后不久，我成功发表了一篇教育思想类文章于省级正规期刊，也是向跟我比较同频的积极向上的教育界人士分享一点我对正向教育的思考与感悟，鄙人才华不佳，如能作一番参考，也是值得了。紧接着，我从事了一份新的工作，在深圳进入国际汉语教育领域。然后又有一个好消息传出，我可以与弘丹老师一起写书，成为这本合集书的共同作者。我知道弘丹老师筛选作者是非常严格的，这7年我都没有任何机会。但是2024年这个机会来到我这里，这件事情真让我太惊喜了，毕竟出书是我从来不敢想的，我问弘丹老师为什么会选择我？她说："是为了圆你一个向上的教育梦想。"

05 拥抱你真正值得拥抱的梦想

我的职业生涯可以说完成了一个跨越式的转变。从不被人重视，从被人瞧不起，从一无所有的那个弱小无助的我到如今可以出版合集书的我，背后是我对正向教育初心的不断坚守。我把我前半生的人生故事徐徐铺开，虽然经历过多重挫折，但好在守得云开见月明。我的故事或许不是最励志的，也不是最动听的，但却是普通人中很接地气的。我也希望可以激励与我一样同频的普通的教育同行们，不管外界如何给你压力，如何给你制造困难与障碍，你的内在驱动力多么不足，你面对的对手有多么可怕，你都应该用一颗始终不渝的、向上的、充满阳光的心，不断锤炼自己的真本领，到有春风拂面的地方去，到真正支持你的美好环境中去，去实现你的伟大使命，去拥抱你真正值得拥抱的梦想。

一蓑烟雨

跨越山海，奔赴梦想

小学数学教师

爱折腾的“90 后”

人生是一场修行，更是无数次行动以后呈现的结果。

小时候读“昼出耘田夜绩麻，村庄儿女各当家。童孙未解供耕织，也傍桑阴学种瓜”，仿佛那个种瓜的小孩子就是自己，还挺有趣的。长大后再读，只剩无限感慨，农家繁忙，总有做不完的事情。

对于出身普通农村家庭的我来说，未来道阻且长。在随后的成长过程中，我不止一次向内探求，像自己这样的女孩子，在面对人生选择时，是随波逐流还是坚持追逐梦想？很庆幸，我拥有行动的勇气，让我感受到了不同的精彩。

01 从工科跨界到教育，专业与热爱相得益彰

可能很多人都不相信，我这个文静的女生竟然学的是工科专业。我在大学主攻计算机，但在完成专业学习的同时辅修教育学知识，并在毕业的同时获得数学教师资格证。

在工作的抉择之际，我有过很长一段时间的迷茫。早在毕业前夕，每天晚上我都会去学校里面的亭子中长坐，听着吉他社群的同学们的歌声，一次又一次陷入沉思。一边是自己的主攻专业，一边是自己的热爱，该如何取舍呢？

经过很多次的头脑风暴，我下定决心去追求自己热爱的事情，于是我立马行动，终于在2016年正式踏入省会的一所小学，成为一名老师。

我记得面试我的校长在了解了我的专业后，让我同时任教数学和信息技术。当时的我表现得非常平静，顺势答应了，但心里却已经“波涛汹涌”。或许很多人认为这是一份干两份工作但只拿一份工资的活，但对于初入社会的我来说，能够有机会从事将专业和热爱的事情相结合的工作，这非常符合我的预期。

如果当时我没有踏出这一步，怎会有符合自己预期的结果出现呢？勇敢迈出第一步，梦想才可能实现。

我深知，成为一名优秀的教师并非一蹴而就，这是一条充满挑战与磨砺的道路。在每一天的夜晚，我都会反思一天的工作，寻找数学课和信息技术课的改进之处，进而给学生更好的课堂体验。

时光流转，在不断努力与坚持下，我逐渐熟悉了学校的工作，工作中的瑕疵越来越少，我也变得越来越自信和从容。回首那段青涩而又充满激情的岁月，我感慨万千。正是当初的那一次勇敢的行动，让我既没有辜负专业课程的学习，也没有放弃自己热爱的教育事业。

02 跨越山海，奔赴一场青春之约

在繁忙工作的间隙，我的内心总是渴望着能有一些别样的体验，参与一些丰富多彩的活动，来打破工作的单调并消除疲惫。仿佛是命运的安排，机缘巧合，我有幸参加了一次游学活动。

在那个特别的暑假，当大多数人还在享受悠闲的假期时光，我选择提前奔赴上海，参与上海站的前期筹备工作。

那一天，终于迎来了接站的时刻。怀着紧张与期待的心情，我和同伴们早早地来到了接站点。当我看到来自西藏的孩子走出车站的那一刻，内心涌动着难以言喻的感动。

他们的眼神中充满了好奇与憧憬，带着高原赋予的纯净和坚韧。这些来自雪山脚下的孩子们，第一次踏上上海这片繁华的土地。他们带着对未知的渴望而来，而这座城市也将以它的包容和温暖来迎接他们。那一刻，我深知这次的相遇不仅仅是地域的跨越，更是心灵的交融与文化的碰撞。

在众多孩子中，有一个小姑娘的身影深深地印刻在了我的脑海里。遗憾的是，我竟忘记了她的名字，但有一个场景，却如同珍贵的宝藏，永远珍藏在我的记忆深处。

那是一个阳光明媚的日子，她笑意盈盈地将自己的藏装递给我，邀请我试穿。当我穿上那身充满民族特色的服装时，她的眼睛里闪烁着真诚与热情，不停地夸赞我非常美，十分适合那身衣服。

那一刻，她的赞美如同温暖的阳光，照亮了我的心田。尽管时光流逝，我可能再也无法叫出她的名字，但那个美好的瞬间，将永远留在我的心中，成为我生命中一段无比珍贵的回忆。

我也曾与其中一个孩子有过一次难忘的交流。我好奇地问道："如果有机会让你到上海来读书，以后你会在上海定居吗？"他毫不犹豫地回答："我会在这里学习新知识、新技能，但最后我一定会回到我的家乡，那里有我的亲人，有养育我的土地，我要去帮助家乡的父老乡亲。"

他的回答让我动容，那坚定的眼神中透露出对家乡深深的眷恋和责任感。这些孩子，他们带着对世界的渴望走出家乡，却又怀揣着回报家乡的决心。

我也庆幸当初的选择，让我有机会亲历这场青春之约。人生的每一次抉择都很难，每一次的行动更难。或许真的是那句"勇敢的人先享受世界"的真实写照，我的行动让我再一次重返青春，感受跨越山海的情谊。

03 旅途的中断与生命的无常

在这趟原本充满美好与期待的旅行中，我满心欢喜地陪伴着他们，畅想着能一路相随，直至送他们平安回到西藏。

然而，命运却在此时展现出它无情的一面。妈妈突然离世的消息如一道晴天霹雳，瞬间将我从美好的幻想中拉回到残酷的现实。那一刻，我的世界仿佛停止了转动，心中被无尽的悲痛所填满。

我不得不中断这趟行程，无法按原计划前往西藏。因为在我心中，任何事情都可以推后，唯有这件事情不行。妈妈的离去是我生命中无法承受之重，我必须回去，去送她最后一程，尽我作为子女最后的责任和孝道。

回到家，映入眼帘的是爸爸那沧桑的面容，每一道皱纹都仿佛刻着无尽的悲伤，我的心顿时感到一阵苍凉。站在他面前，我竟不知该如何开口安慰，也不知怎样才能抚慰自己那颗破碎的心。那时的我，不过20出头的年纪，面对如此沉重的打击，完全不知所措，根本不懂得该如何处理这突如其来的一切。

在那些悲痛的日子里，都是长辈们带领着我一步步走完流程。三天后，妈妈入土为安，而我的心却依旧沉浸在痛苦与迷茫之中。未来的路该怎么走？我完全没有头绪。曾经设想过的种种美好，在妈妈离去的那一刻，都变得模糊不清。

那三天，仿佛是一场混沌的梦，我不知道自己是怎样度过的。只知道最终让妈妈入土为安，结束了她在尘世的旅程。

而后我和爸爸商量，决定接上原先被中断的行程，走完这趟雪山之旅。原本计划跟着孩子们到5000米以上的申扎县，可时间安排却不允许，我不得不提早结束行程回到原来的工作当中。

在这短短几天的拉萨之行里，我的思绪万千。在这个离天如此近的地方，我怀揣着对妈妈深深的思念，为妈妈祈福。

我站在这片神圣的土地上，仰望湛蓝的天空，我仿佛能感受到妈妈的温暖仍在身边。回顾这段时间的经历，从美好的旅行被中断，到送别妈妈的悲痛，再到拉萨的心灵之旅，我的内心经历了一次又一次的冲击和洗礼。

未来的路还很长，虽然充满了未知和挑战，但我相信妈妈会在天堂默默守护着我，给予我前行的力量。而我，也会带着对妈妈的爱和祝福，勇敢地走下去。也许，这就是成长的代价，也是生命给予我的考验。我要在这困境中，寻找到属于自己的信仰之光，再次勇敢地面对生活的挑战。

后来，我告别了拉萨，带着这份独特的经历与感悟，重新投入工作之中。“树欲静而风不止，子欲养而亲不待。”父母在，人生尚有来处；父母去，人生只剩归途。

我不后悔中断旅程，回家送妈妈最后一程，这是我身为子女的责任。我也不后悔接上原先的旅程，和同伴一起将孩子们送回西藏，这是我和孩子们的约定。虽然我没能陪着他们一起在教室里阅读，但这次出行不仅让我感受到跨越山海的情谊，更让我体会到亲情的无价。

04 而立之年的回归与热爱

然而，生活并非总是一帆风顺，事事尽如人意。尽管我努力付出，但仍会遇到各种困难和挑战。在经过深思熟虑之后，我最终还是选择了辞职。辞职之后，我的人生迎来了新的篇章，心中怀揣着一些别样的目标。为实现目标，我勇敢地尝试，不懈地努力，只可惜最终未能如愿以偿。

而后，我竟就这样开始了长达6年的“流浪”生涯。在这6年里，我并未虚度光阴，而是致力于完善自身的核心能力。通过大量的阅读和持续的学习，让自己的内心愈发强大和稳定。

我走进蜀绣这一非遗领域，亲身体验其中的精妙，学会了简单的蜀绣刺绣；我尝试接触各种乐器，在旋律中体会到音乐人的艰辛与不易；我还学习了茶艺、花艺等诸多技能，曾一度期望能将它们发展为安身立命之本。然而，经过一番摸索，我才发觉，这些虽能作为兴趣爱好丰富生活，却并非我内心真正热爱的主业。

在不断地探索与尝试中，兜兜转转，30岁的我最终又重新拥抱了我所热爱的教育事业。仿佛经历了漫长的旅途，终于找到了归属的港湾。这6年的流浪，是成长，是寻觅，更是为了最终能清晰地听到自己内心深处的声音，让我更加坚定地踏上教育这条充满意义的道路。

饶清

梦想之花在奋斗中幸运绽放

国家二级心理咨询师
国际生涯规划师
在职心理生涯教师
天骄博雅升学规划院创始人
幸福家长学院创始人
《七把金钥匙，解锁超强学习力》作者

在人生的长河中，每个人都是自己命运的舵手，驾驶着名为“梦想”的帆船，在波涛汹涌的大海中航行。而我，一个出身农村、怀揣梦想的女孩，用自己的汗水和坚持，书写了一段关于成长、挑战与蜕变的励志篇章。

01 梦想的启航：逆境中的坚韧

1998年，那是一个充满希望的年代，也是我个人命运转折点的开始。在那个信息相对闭塞的乡村，我凭借着不懈的努力，考入了四川省自贡师专教育技术专业，成为村里第一批为数不多的大学生之一。那一刻，我仿佛看到了自己未来站在讲台上，用知识的光芒照亮孩子们心灵的可能。

然而，现实总是比梦想更加骨感。当我满怀期待地准备专升本时，却被告知我们专业的本科班今年因为一些原因，无法继续深造。这个消息如同晴天霹雳，让我一时之间陷入了迷茫和失望。但我没有被困难击倒，反而更加坚定了要通过自己的努力改变命运的决心。我开始积极参加各种社团活动，努力学习专业知识，争取获得奖学金和优秀学生的荣誉。同时，我也没有放弃对本科梦想的追求，计划通过自考的方式实现自我提升。

大二下学期，幸运之神终于向我露出了微笑——我们专业突然提供了专升本的机会，我以班级第一的成绩成功抓住了这次宝贵的考试资格。那一刻，我深刻体会到了“越努力越幸运”的真谛。我深知这个机会来之不易。因此，我更加珍惜在四川师范学院的学习时光，努力吸收知识，为未来的职业生涯打下坚实的基础。

02 职场的磨砺：自我超越的旅程

大学毕业后，我顺利进入了绵阳东辰国际学校，成为一名计算机老师。然而，教育的热情并未让我止步于此。我深知，要想成为一名优秀的教师，仅仅掌握专业知识是远远不够的。于是，我开始自学心理咨询知识，并在2005年成功考取了国家二级心理咨询师证书。这一证书不仅让我在职场上找到了新的发展方向，更激发了我对自我提升的无限渴望。

为了进一步提升自己的专业素养和国际视野，我决定前往巴西留学深造。然而，现实再次给了我一个打击——由于巴西公立学校的研究生专业必须与本科专业一致，我未能如愿攻读心理学研究生。但我没有因此放弃，而是选择了一条更加艰难的道路——成为一名葡语翻译。从2007年到2019年，我从事葡语翻译的12年间，辗转于各个国家和地区之间，为不同的行业提供翻译服务。这段经历不仅让我积累了丰富的翻译经验，还为我作为生涯规划老师对专业的深刻了解打下坚实的基础。

在忙碌的工作之余，我始终没有忘记终身学习的重要性。我利用业余时间自学了中欧管理学院的远程DBA（工商管理博士）课程、中国科学院心理研究所的医学心理咨询与治疗专业、对外经贸大学的国际贸易与实务在职研究生课程。加上本科教育技术专业，巴西的葡萄牙语专业，在我36岁前，我学了5个专业。我在做葡语翻译的12年中，接触了汽车、建筑、农业、贸易、医学、销售、银行、保险、电力、法律、会计师等多个行业，这也为我后期成为生涯规划师奠定了良好的基础。真的应了那一句话，人生每走一步都没有白费。我深知，只有不断学习、不断进步，才能在这个竞争激烈的社会中立足。

03 放弃出国：开启升学规划新篇章

36岁那年，我迎来了人生的新角色——母亲。孩子的降临让我感受到了前所未有的幸福和满足，但同时也让我面临着新的挑战和抉择。面对突如其来的投资失败和孩子的成长需求，我选择了不再出国工作，放下一切，回归家庭，重新规划自己的人生。

2017年，我偶然间帮助了一位朋友的孩子进行高考前的情绪调节，使其状态显著提升，原本在诊断考试中发挥失常，二本线没有上的她，最终高考成绩超出预期，超过一本线8分。这个孩子基于对我的信任，让我为她参谋高考志愿。在我的填报指导下，她以高出调档线1分的优势被西华师范大学化学专业录取。这一经历启发了我，使我开始探索将我的专业背景、工作经历与升学规划结合的职业道路。

我开始接触高考志愿填报规划师这一职业。通过不断学习和实践，我逐渐掌握了志愿填报的技巧和方法，并成功帮助了数百名学生收获了他们喜欢的大学和专业的通知书。这一过程中，我不仅为学生进行升学指导，也为他们提供心理支持。大考后为他们进行考试心态分析、学习指导，陪伴他们一起成长。

“教育不是灌输的过程，而是点燃火焰。”曾经身为老师的我，希望能继续点燃更多学生心中的火焰，助力他们实现升学梦想。

04 重返学校：筑梦幸福家长学院

在机构工作的日子里，我深刻体会到，除了专业规划，营销压力也是不可忽视的一部分。但考虑到孩子即将步入幼儿园，而我因工作原因无法陪伴其度过周末与节假日，我深感遗憾。因此，我渴望能重返学校，与孩子的作息时间同步，给予他更多的陪伴。幸运的是，我踏入了广元天立学校的校门，成为一名心理生涯老师。

在这里，我不仅为学生们提供心理生涯课程和辅导，还负责他们的升学指导。我创立了升学规划院，每年为高三家长开设公益指导课程，内容涵盖大学选择、专业解析及志愿填报策略，以及出国留学指导。我陪伴着高三学生及其家长，共同度过紧张而重要的时光，直至大学录取的尘埃落定。因此，我也荣幸地获得了“家长之友”的美誉。

2020年，我深入学习了积极心理学，发现抑郁情绪可通过积极心理干预治愈。同时，我意识到许多孩子的问题根源在于家庭教育。于是，我萌生了创建“幸福家长学院”的想法。如果家长们能接受积极心理学的培训，那么许多孩子的心理问题或许就可以防患于未然。家庭的幸福，是孩子健康成长的基石。恰逢家庭教育开始受到社会重视，学校领导也对我的想法给予了大力支持。于是，在2022年“幸福家长学院”应运而生。

我们通过化书为课、专家讲座、论坛等多种形式，线上线下同步开展活动，帮助家长们树立正确的家庭教育观念，提供有效的亲子沟通技巧和解决孩子成长问题的策略。

俄国文学家托尔斯泰所言：“全部教育，或者说千分之九百九十九的教育都归结到榜样上，归结到父母自己的端正和完善上。”未来，我还计划创办“幸福家长学院家长成长读书会”，带领家长们共读亲子书籍，共同探讨家庭教育的真谛。我诚挚地邀请更多的朋友加入我们，一起为孩子的成长助力。

05 打造微习惯：持之以恒的力量

在忙碌的生活和工作中，我始终保持着阅读和写作的习惯。虽然这些习惯看似微不足道，但它们却像一股清泉，滋养着我的心灵和灵魂。

为了让自己更自律，我加入写作班与阅读打卡群。每晚，四十分钟至一个半小时的写作之旅，记录下我思想的火花与情感的涟漪。至今，我完成写作打卡132天，书写了约171441字。当完成写作，睡前，我便沉浸于书海，享受那10~15分钟的静谧时光。570天的坚持，74本书的积累，不仅构筑了我的知识殿堂，更锤炼了我独特的笔触与视角。

尤为自豪的是，我的独著《七把金钥匙，解锁超强学习力》成功签约，即将出版。它是我心血的结晶，是无数次修改与打磨的成果。这不仅仅是一本书的出版，更是对自我潜能的一次深度挖掘与释放。“宝剑锋从磨砺出，梅花香自苦寒来。”正是这份坚持与努力，将会让这本书成为众多家长与教育者的灯塔。

在此，我满怀感激地提及我的家人——至今，我的先生，已完成1400多天的英语趣配音之旅；我的儿子，虽年仅八岁，却用2000多本英语绘本的阅读量，诠释了何为持之以恒的力量。他们，也是利用10多分钟的碎片时间，去打造属于自己的微习惯，用实际行动诠释了“时间就像海绵里的水，只要愿挤，总还是有的”这一真谛，成为我前行路上最强的榜样。

回顾我的成长之路，布满荆棘，却铸就了我坚韧不拔的性格。每份成就皆源自不懈奋斗与坚持。我珍视所得，心怀感激，继续前行。未来，我将秉持“越努力越幸运”的信念，深耕教育，以学促行，以爱传知，赢得更多信任与尊重。同时，我将继续关注家庭教育，助力孩子成长，为家庭幸福贡献力量。

最后，我想对奋斗中的你说：“起点非终点，梦想虽远，行则将至。心怀梦想，持之以恒，幸运之花终将为你绽放。勇敢追梦，世界无碍你前行。让我们携手并进，在追梦路上绽放光彩！”

李易遥

有梦想就要行动，在探索中挖掘天赋

性格天赋解读师
高级心理疗愈师
家庭教育指导师

我想先问你两个问题：你儿时有梦想吗？你的梦想都实现了吗？我想告诉你，无论你是在寻找梦想的途中，还是在努力逐梦的路上，都要相信自己的潜力，保持行动的勇气。当你真正找到了自己，世界才能看到你。勇气并非源自无畏，而是梦想的力量超越了恐惧。

01 拮据困顿的日子里，阅读是我的避难所

我叫李易遥（李远），坐标北京，是个“80后”职场宝妈，现就职于世界500强企业，从事文字工作。我的父母是从闭塞的小村庄来到大城市白手起家的普通工人。自我记事起，家里生活就很清贫匮乏，一家三口人挤在不足10平方米的平房里度过了十几年。儿时我最大的渴望，是能有一间独立的房间，做热爱的事。

5岁时，我在幼儿园里早早地学拼音识字，开启了阅读之旅。母亲常常领着我去附近的新华书店溜达，我喜欢纸质书散发的墨香，喜欢书店中安静的氛围，喜欢找个小角落翻阅书籍。我的阅读速度飞快，还幻想未来某一天自己也能出本书。记得那家书店撤店促销时，母亲从微薄的工资中拨出一笔不小的费用，给我买了半箱书，它们陪伴我度过了很多年，很多书甚至都已经被我翻烂，到搬

家时我仍不舍得扔掉。9岁那年，我还悄悄地给报社投稿，意外获得了报社寄来的人生第一笔稿费。大概就是从那时起，我与写作在冥冥之中结了缘。

02 多才多艺的二伯，点燃了我的音乐梦想

童年时代，我常常听到邻居女孩在隔壁练钢琴的声音，让我非常向往。但生活的拮据，让本就早熟敏感又懂事孝顺的我实在不好意思提出奢望，只能把梦想的小种子深埋心底。“唯有读书才能改变命运”也成为父母的教诲与我坚守的信条。每逢寒暑假，父母都会带我回到爷爷奶奶居住的村子里，虽然孙辈众多，但我一直是老人最喜欢的孙辈。那时，我家与二伯家是来往最为密切的，他家有两个与我年龄相仿的姐姐，我经常吃住在他家，被二伯一家唤作老三。二伯虽以种地为生，但音乐天赋极高，自学的多种乐器都达到了半专业水准，村里的红白喜事都会请他参加。忙完一天农活，他最喜欢在院子里用二胡拉几首曲子，还手把手教我演奏技术。静谧的夜晚，抬头是点点星光，耳边是悠扬的音乐，那是我在村里感受过的最美的时光，也点燃了我的音乐梦想。

03 自己的梦想，要靠脚踏实地的行动去供养

儿时的作家梦、音乐梦虽然都很遥远，但确如影随形从未离开我。我守着家中小小的收音机，边听音乐边看书，还将书中触动我的文字抄写下来，这个习惯不知不觉延续至今，阅读和音乐早已潜移默化融入了我的血液。

人可以平凡，但不能平庸。凭借着内心中强大的自驱力和目标感，学生时代我的学习热情比谈恋爱还痴迷，把别人娱乐的时间都拿来学习，始终保持着名列前茅的成绩，成为不少老师的得意门生，常被老师钦点为班干部，协助管理班级事务。我喜欢课后向同学分享解题思路和高效学习方法。常年阅读思考的习惯，使我的作文始终保持高分，常被老师当作范文在讲台前朗读。我经常会在夜里突然醒来，记录梦中的灵感，创作自由的诗歌。17岁的我曾写下《别了，十六岁》：

“……人们总是不停地赞美生活，但生活的路并非总是宽阔，我说她不是诗，不是歌，仅仅是平凡的日出和日落。有人说青春可以使枯枝长出鲜果，我说那甜中也会伴着些许苦涩；有人说青春可使身体的细胞激活，我说青春也可让灵魂的火花迸射……”

我的作品曾被收录于学校的合集，那时我常常标榜自己是“野路子诗人”。

书山学海一路耕耘，我顺利考上重点大学。我利用空余时间，给小朋友做家教，那段经历磨炼了我的耐心共情与授课能力，还见识了各类原生家庭的教育模式。我喜欢小孩子单纯可爱的模样，看到他们，仿佛就看到了当年求知若渴的自己。我用赚取的零花钱，买了人生中第一架电子琴自学，如今能够用双手流畅地弹奏不少曲子，也算让儿时的音乐梦想开出了小花。

04 毕业就转型，无心插柳，又与写作结缘

大学时我阴差阳错进入土木工程专业学习，整天埋头计算和设计图纸，苦行僧般的枯燥日子令我十分痛苦。尽管那个时期房地产行业发展迅猛，甚至毕业就有出国工作的机会，但我依旧遵从内心的选择，一毕业就果断转了行，彻底挥别了钢筋混凝土的世界。职场最初的几年是做外贸业务跟单，经常辗转于全国各地的工厂，见过形形色色的企业主，开阔了视野，提升了胆量。要知道工作以前的我，其实是个深居简出的宅女，很少出远门。

一次非常偶然的机会，我的写作能力被当时的领导觉察到，我被调整到以写作为主的新岗位。凭借着对文字的天然敏感与敬畏，加之每年百余本书的阅读与持续输出，写作技能无心插柳般地成为我十多年职业生涯的重要傍身之技，独立创作的多篇文章以及与团队成员共同完成的多部作品，在主流媒体展播，并赢得了不少荣

誉，“笔杆子”的标签就这样牢牢贴在了我的身上。在与文字为伍的时光里，我既写以文辅政的公文，又记录公司发展的大事件，还为身边人撰写奋斗故事，偶尔也会应邀分享写作心得。

稻盛和夫说：“人生的唯一目的就是修炼灵魂，使其在谢幕之时比开幕之初高尚一点点。”读书使人睿智，写作使人孤独。写作就是我在红尘中修炼的载体，这个过程极大地磨炼了我的心性。忙碌时，我常常要伏案写到半夜，累了就翻一下手边的书籍，伴着那些孤独深夜中的灯光，调整下自己的思绪。

05 主动探索求突破，天赋藏在热爱里

保持居安思危，永远不要做温水里的青蛙。原本以为自己会在两点一线，上班、带娃的节奏中岁月静好，可几年前职场的突发事件令我深受冲击。由于公司业务转型与机构变革，我所在的部门无奈面临解散，原本合作默契的搭档都被调整到了新的岗位。福无双至，祸不单行。那段时间父母身体也突然出现严重问题，面临手术，我整个人深陷谷底，干什么都提不起心力，常被失眠、焦虑困扰。

作家冯唐说：“你可以不屠龙，但是不能不磨剑。”也正是那时起，我决定不能安于现状，要主动寻求新的突破，探索人生更多可能。我运用了市场上所有可以自我探索的工具检索自己的天赋特

质，答案都显示我天生高敏感，直觉洞察力强，善于深度共情，富有同理心和助人之心，在心理咨询与疗愈、教育培训、写作与艺术方面具备先天优势。想到自己从小确实对心理学与内在探索感兴趣，就顺势而为，向行业内专业大咖老师付费学习心理学理论与疗愈技术，随后又陆续接触了传统文化、生命智慧、家庭教育、社群运营、文案写作以及商业课程。这不仅是对自我价值的追求，更是对生命意义的探索。

遇良师要学，遇良友要交。一次偶然的机会，我结缘了人生中又一位恩师李玉茹女士，她是一位有着几十年教培经验的资深教育工作者与心理咨询师。她利用自主研发的学科工具为我的生命能量进行解读分析，并笃定地对我说："你的天赋很适合做心理疗愈师，你的写作经验也可以助力这项事业的发展，帮助更多的家庭……"我瞬间被"点燃"，于是跟随她系统学习全套课程与疗愈技术，并通过所学所悟做了500多个个案，频频收获好评。其中很多线上来访者主动表达了对我的文字的喜欢，我的文字如同定海神针般令她们暖心踏实，唤醒了她们内心勇气的力量，让她们获得能量加持。她们甚至还会收藏起我的文字来反复回味感悟。

我始终觉得，每个人都会有脆弱低谷之时，至暗时刻最需要的是被深度看见与理解支持。既然是天赋使命，我希望余生用生命温暖生命，用灵魂唤醒灵魂，让这个世界多一份善意与温情，让脆弱的人挖掘内在的力量，找到前进的希望。

书籍是我最好的朋友，创作是我骨子里流淌的情怀，音乐是我心灵的驿站，心理疗愈是我热爱的事业。我希望在文案技能的加持下，更好地陪伴支持需要力量的人，在修心助人的路上引领更多生命觉醒，真正活出自己的天赋能量，在与世界的碰撞中体验多彩的人生，做自己人生剧本的主人。

《中年之路》一书中有这样几句话："激情是我们的燃料，就像使命一样，与其说是一种选择，不如说是一种召唤。"还有一句话我很喜欢："我们的敌人是恐惧，而不是别的东西，但如果我们害怕自己的内心，害怕自己的激情，那么应该更害怕没有活过的生命。"

最后我想送给所有心怀梦想的人一首我的原创小诗：

《执着于梦想 纯粹于当下》

在时光绚丽的织锦上
轻抚珍藏的梦想纹路
心仿似一匹未驯的马
驰骋金黄与蔚蓝之间
耀眼的阳光透过叶隙
洒下斑驳粼粼的光影
寂寥的星辰闪耀银辉
摇曳苍穹声声的呢喃
任光与影的交错迷离
聆听生命质朴的颂歌
左手写下逐梦的执着

右手记录脚步的纯粹
在每一个黎明与黄昏
都划过你玄妙的诗篇
你深情的凝视很迷人
你笃定的步伐很有力
那不是遥不可及的梦
而是触手紧握的此刻

莉莉安吴

跃动人生：敢行动，梦想才生动

深耕教育行业 15 年

热爱阅读的写作教练

《Hello，宝贝》《和宝贝一起成长》

《了不起的发光女孩》联合作者

生活中能打动人的，往往不是那些完美的人生，而是那些历经风雨却依然努力追光的人生，是那些看清真相后依然热爱生活的人生，是那些宁可直面坎坷也要咬牙演绎的热辣滚烫的人生。

有的人生给我们力量，有的人生给我们希望，如果说谁的人生能给你信心和勇气，那一定是我。

01 从中考失利到圆梦入职报社

我从小就不是“天才型选手”，同学一遍就能学会的数学题，我往往要学上四五遍才能懂。“笨鸟先飞”是我骨子里的深刻烙印。中考的时候，我与心仪的高中失之交臂，只能去职高。放榜那天，我一夜未眠。对未来的担忧和考试失利的沮丧如同两柄尖刀同时刺向自己。打开台灯，我随手翻了翻书，一句话映入我的眼帘：是金子，到哪里都会发光。犹如上天温柔地为我打开了一盏灯，穿过伤口的缝隙，扫清了内在世界的迷雾黑暗。我下定决心，不但要在职校里做到最好，还要继续努力考上大学。

职高三年，我不但要修完学校的课程，还要自学高中的课程。但我咬牙坚持。终于，我成为职校的优秀毕业生，同时收到了华南第一学府——中山大学的录取通知书。当我满心欢喜地站在永芳堂外，仰望中华民族的先贤们时，我感谢三年前的自己选择了直面困难，没有轻言放弃。

然而，考上大学的兴奋并没有持续太久。从小城来到一线城市的我，看到了自己与同学的差距。当我去勤工俭学中心找那些以时间换金钱的工作时，我的同学已经轻车熟路地在帮人组装电脑，工作4小时的收入远超过我兼职一周的收入。我被深深地震撼到了。我眼前的是一条以代际传递的巨大鸿沟：那些我闻所未闻的东西，在大城市的孩子看来，是那样的稀松平常。我忽然意识到人与人之间的差距，就在于认知范围。

于是，我开始规划自己的职业生涯。当时纸媒正在蓬勃向上地发展，我开始在心中勾勒新的梦想，我要努力去报业集团，去做那些更靠近文学的工作。

于是，课余时间我经常去旁听中文系的课程。有一天教授讲到苏轼，讲他在逆境中的豁达和乐观，讲他面对风雨的态度，忽然他提了个问题："你们谁能说出这个时期最能代表苏轼豪放豁达的态度的句子？"不知道是有意还是无意，教授指了指我说："同学，你来说说看？"我怯怯地站起来说："竹杖芒鞋轻胜马，谁怕？一蓑烟雨任平生。"听罢我的回答，教授拍掌大笑，很好！下课的时候，教授叫住我说："同学，你不是我们系的吧？"我的脸忽然涨得通红，那感觉就像在书店窃读而被老板当场抓包。谁知，教授笑着说："不要紧张呀，我发现你经常来听课，我是想告诉你，如果真心喜欢，下次就坐到前排来。"

看着教授慈爱的笑容，我的内心充满了感激。以前我总是怯怯地暗自努力，不敢向这个世界表达自己。这一刻我才忽然明白，想要有所成就，不仅仅要有埋头钻研的定力，更要有坐到前排的勇气。

文学为我打开了新世界的大门，我不断吸收新知，也勇敢地接下各大小报社的兼职工作。终于，毕业的时候，我在300选6的面试中，过五关斩六将，敲开了心仪报社的大门。

02 从全职宝妈到育儿作家

在报社工作的日子忙碌而充实。但生活充满未知数，我们永远不知道意外和明天哪个会先来。随着国企深化改革，集团业务和高层发生变动，我们部门被整个砍掉了，所有人员都要进行分流，要么接受基层的工作岗位，薪水减半；要么走人。努力了3年的工作说没就没了，我忽然间意识到，人生如果没有危机，就是最大的危机。这个时候，上天送给我一份礼物，我开始孕育新生命了。于是我决定暂时退回家庭，开始适应自己的新身份——妈妈。

孩子一岁前，由于没有老人帮忙，老公的工作也早出晚归，我要适应一个人带孩子的生活。经验不足+睡眠不足+完美主义作怪，使我陷入“自己根本做不了一个好妈妈”的自我怀疑状态。在失眠的夜里，看着孩子的小脸，我终于下定决心：与其在内耗中消耗自己，不如在行动中证明自己。

首先我强迫自己每天必须带娃出去，在小区里和宝妈们结成带娃联盟，让自己拥有社会支持。然后开始用淡奶或水训练孩子，养成他定时喝奶的习惯，给自己留出休息的时间。最后在家务上彻底放弃完美主义，保证孩子的活动空间干净整洁即可。这样我有了30分钟午睡时间，又空出了1小时读书写作的时间。我在网上开了博客，把自己育儿的经历和经验分享到网上，让自己持续输入和输出。

一系列的自救行为把我拉出低谷，我一点点找回了当初那个勇往直前的自己。正如王尔德所说："爱自己是终身浪漫的开始。"当我开始看见自己、接纳自己、重新养育自己，我就有了面对人生的勇气。

后来有一位编辑找到我，说看到我在网上发表的文章，想邀约我一起出版育儿的合集书，我欣喜地答应了。于是，我人生的头两本书《Hello，宝贝》《和宝贝一起成长》出版了。命运的齿轮开始转动，接下来我不断接到各种育儿杂志的邀约，为他们写育儿专栏的文章。我终于找到了自己新的人生角色，从全职妈妈转型成为育儿作家。

行动是治愈恐惧的良药。生活中的境遇，往往由自己的心态决定。一旦选择向前迈步，认知就会在行动中提升，改变的力量也随之而来，人生就会出现转机。

03 从拯救自己到帮助他人

随着孩子的长大，我也开始规划自己未来的职业发展。找工作的时候最容易自卑和迷茫。我与时代脱节了3年，只会写写文章，思维完全困在育儿这件事情上，不知道其他行业的发展动态，不知道要进入哪一个领域。

这时我想起之前看过的一篇关于职业生涯探索的文章，里面提到过职业探索的两步法。第一步，要去了解行业的情况，换句话说就是确定哪个行业是有发展潜力的，是可以进入的。第二步，要向内探索：我擅长什么？我的优势是什么？什么是我现在的能力能够得着的？我拿出一张白纸，把自己的所有可能性罗列出来，最后选定了教育这个行业，和好友一起创办了公司。

在这个行业里，我遇见了各种类型的家长，他们也像我一样，第一次做父母，跌跌撞撞，摸着石头过河。作为一位宝妈，我深知在宝宝的成长过程中妈妈们会遇到的困境和卡点，我理解并真心地想帮助她们。公司的业务可以解决孩子放学后接送的问题，但是我看到很多妈妈还是深陷在一地鸡毛的状态里。有的是因为辅导作业，有的是因为家庭矛盾，有的是因为职场困惑。妈妈们太需要有个地方让自己喘口气，安心休息，找回自我。

有句话说：是什么拯救了你，你就用它去拯救世界。在我深陷人生低谷的时候，是阅读和写作拯救了我，我可不可以也用这个方法来帮助别人呢？到处寻找答案的途中，我遇到了生命中的贵人——弘丹老师。

弘丹老师是浙江大学毕业的高才生，通过写作成为畅销书作家，还连续3年被评为“当当影响力作家”，文理兼修。她的写作课程结合了理科生的严密逻辑+文科生的感性培养，每个学员都能看到自身清晰的发展路径。我紧跟着弘丹老师的写作社群，从一个小白学员到社群助教，学到了更多的写作技巧，也累积了指导学员的经验。看着弘丹老师帮助一批又一批的学员学会写作，拿到结果，成为各个平台的上稿作者和签约作者，我被她独有的坚持与如水的坚韧所折服，决定冲刺写作教练的认证，成为学院合伙人。

紧接着我通过网络，创立了宝妈太空舱——一个让妈妈们能安心休息的地方。通过早读晚写的方式，我带领大家用自由书写做自我疗愈，通过共读书籍来提升思维。通过线上共读和不定期的线下聚会，我们帮助上百位妈妈走出了育儿和职业发展的困境。

后来，我和社群的小伙伴们一起出版了《了不起的发光女孩》。我们希望每个读者都能找到自己人生的高光时刻，懂得自己要走什么路，怎么走，如何走，并且有勇气一直往前走。

回望这精彩纷呈的20年，我见证过国企的分崩离析，体验过宝妈的崩溃情绪，在创业的洪流中颠沛流离过，在纯净的校园中野蛮生长过。我的人生不是一条被定义的轨道，当我抬起头、追着光，面前便是一片充满无限可能的旷野。我在每个人生角色间跃动，努力在旷野中狂奔，内心总有一个声音：敢行动，梦想才生动。

我行，你也一定行！

美瑶

追梦无畏，人生无限：勇敢者的探索

热爱生活和工作的 17 年银行人

早起持续读书学习的二孩职场妈妈

ESG 投资证书持证人

应用人工智能硕士进修中

我，是一个对生活充满热情、不断追求自我提升的人。我坚信，只有勇敢地迈出步伐，才能触及梦想的边缘。我是那种一旦心中有了目标，就会毫不犹豫地去实现的行动派。

我出生于东北一个宁静的二线城市，那里有我的根——一个充满温馨记忆的小县城。自幼，我就以一个好学不倦的形象示人，成绩总是名列前茅，是老师和同学们眼中的学霸。书籍是我童年最忠实的朋友，而写作则是我与世界对话的方式。我的写作才华在小学时期便初露锋芒，荣获省级小学生作文比赛一等奖，这不仅是对我写作能力的肯定，更是激励我继续在文学道路上探索的动力。

后来我的写作天赋得到了更广泛的认可——我的作品被收录在一本作文合集中，并有幸成为该书的作者之一。这不仅是我首次以作者身份出现在出版物上，更是我人生中一段难忘的经历。这段经历如同一笔宝贵的财富，不仅丰富了我的内心世界，更为我日后的文学创作奠定了坚实的基础。

现在，人到中年，已经是两个男孩的妈妈的我，再次踏上文学创作的旅程，主动参与弘丹老师的畅销书合集计划。我渴望再次体验那种将思想和情感凝结成文字，最终汇聚成书的非凡过程。这不仅是对自我能力的又一次挑战，更是一次心灵的洗礼。我相信，这段经历将成为我人生中又一段值得珍藏的回忆。同时，我也希望通过自己的行动，给我的孩子树立一个积极向上、勇于追梦的榜样。

让他们明白，有了梦想，就要勇敢去追，因为生活从不辜负努力的人。

01 业绩卓越：我的银行营销故事与客户服务之道

在我的十几年银行工作中，特别是在营销岗位上，我始终坚持一个核心理念：业绩卓越不仅源于勤奋，更依赖于正确的策略和对客户服务的深度。我坚信“说干就干”的工作态度，以及“大数法则”——不怕拒绝，勇于尝试，多角度地观察和理解每一位客户。

回首2010年，那是一个充满挑战与机遇的年份。那时我还是一名普通的储蓄综合柜员，我每天都隔着厚厚的防弹玻璃，以饱满的热情迎接每一位客户，根据他们的具体需求，精准营销贵宾卡或其他金融产品。日复一日，我的柜面营销业绩不仅在日积月累中稳步提升，更在月末和年末的总结中，屡屡领先于其他柜面同事，赢得了领导和同事们的一致称赞。

随着时间的流逝，我不断挑战自我，从支行柜台走向分行部门，投身更为复杂的托管条线运作岗位。在这里，我不仅深化了对托管运作业务的理解，更在客户服务上追求卓越，赢得了证券、基金、信托和私募基金等同业客户的广泛认可。

最近两年，我特别自豪的成就是在营销个人养老金入金领域的两次营销突破。一次发生在2024年3月底的一天，我当天同时进行柜面营销和微信营销（存量客户），幸运的是有三位客户都同意办理入金壹仟元，当天就完成了当季冲刺任务，领导和同事都对我刮目相看。另一次则是在6月份，两天柜面营销，有三位客户办理了入金壹仟元，身边同事都羡慕不已，直夸我太厉害了。面对每一位潜在客户，我总是能够迅速把握时机，详细介绍产品的优势和益处，始终站在客户的角度，为他们量身定制金融解决方案。

这些经历不仅锻炼了我的营销技巧，更让我深刻理解了客户服务的真谛。我的营销心得可以归纳为：倾听、理解、定制、诚信。勇敢地多开口，不怕拒绝，相信大数法则，多付出实际行动，机会总会有的。这些成了我在银行营销和客户服务道路上不断前行和进步的指南针。

02 终身学习者：我的多证书追求与职业规划之路

在不断变化的时代潮流中，我始终紧跟热门行业的脉搏，致力于获取国际认可的证书，我逐渐成为学习与考证的佼佼者。朋友和同事对我的行动力和勇气充满敬意，他们戏称我为“学霸”。然而我自知，我并非完美，只是一名对知识充满渴望，一旦决定学习便毫不犹豫地投入行动的学习者。我的执行力，或许正是我最大的优势。

2021年，为了更好地进行家庭教育，我不仅考取了北师大的家庭教育指导师证书，更激发我的邻居——一位同在银行业的二孩职场妈妈也踏上了考证之路。我们的共同成长，不仅丰富了个人生活，也为孩子们树立了榜样。

出于对健康和家庭理财的关注，我相继考取了高级健康管理师和中国理财规划师CHFP证书。在理财规划的道路上，我不断学习，精进技能，期待获取持续的成就感。

2023年8月，我洞察到绿色金融ESG行业的潜力，果断投身于相关证书的学习，先后获得了注册ESG中、高级证书和CFA协会的ESG投资证书。最近，我又投身于碳管理师的学习，如饥似渴地吸收双碳领域的知识。

2024年的2月和3月，我的考证之路达到了高峰。面对外界的疑惑，我以高效的学习和时间管理策略，证明了即使在繁忙的工作和家庭生活中，也能取得卓越的学习成果。无论是清晨为孩子们准备早餐，还是在通勤路上，我都将时间利用到极致，确保每一刻都充满学习的价值。

展望未来，我将学习领域拓展至AI全能技能，计划进修应用人工智能的硕士课程，并积极准备深港澳金融科技师人才认证计划。这不仅是为了提升自己的专业技能，更是为了拓宽职业发展的道路，为未来创造无限可能。

我坚信“活到老，学到老”的理念，这不仅是为了自我提升，更是为了成为孩子们的榜样。我相信，只有勇敢追求学习，人生才能拥有更多的自由和选择。

我敢于挑战自己，对感兴趣的领域，能做到说学就学，全情投入。首先，我有明确的目标，对学习内容有浓厚的兴趣，这些是我能坚持学习的重要驱动力。其次，我相信自己有能力完成学习任务，这种坚定的信念可以提高我的学习效率。我会合理安排时间，比如早起两小时，清晨头脑思路清晰，学习效率也会比较高。有时候，我也会向家人、朋友说明我最近在集中备考哪些比较重要的、与职业发展相关的相关认证，以获得他们的支持和鼓励，这样也可以增强我的学习动力。当然，能在考证中获取高质量学习材料和重要的学习资源也至关重要。通过设定一些学习目标、奖励自己等方式，保持自我激励。在数字化时代，我能熟练使用各种学习工具和技术，来提高我的学习效率。

03 梦想不止步：从银行职员到人工智能硕士的转型

我一直怀揣着提升学历的梦想。高考时，成绩并未达到预期，未能踏入理想的大学殿堂，但命运的眷顾让我在2007年本科毕业后顺利进入银行系统，那时的银行工作是许多人梦寐以求的职业。

时光荏苒，十几年的辛勤耕耘让我在银行的多个岗位上积累了宝贵的经验。从综合柜员到分行后台的产品运作管理岗位，我不仅见证了银行业务的发展与变迁，也经历了无数个深夜加班的辛劳。随着两个孩子的到来，我更加深刻地意识到陪伴孩子成长的重要性。

二孩产假结束后，我重返支行一线，每天面对着形形色色的客户，为他们提供着细致入微的服务。在确保每一笔业务准确无误的同时，我也承担着营销和业绩的压力，需要解决客户在银行业务上的各类问题。然而，慢慢地，我开始感到疲惫并渴望改变。

面对现状的不满和对未来的憧憬，我迫切希望寻找转机。尽管转岗的机会尚未出现，但我内心对学习的热情从未减退。经过深思熟虑，并结合当下的社会发展趋势和我本科计算机专业的优势，我决定迈向更高的学术殿堂——攻读应用人工智能硕士学位。

从2023年8月起，我便开始了对硕士进修资料的搜集和研究。通过不懈的咨询和准备，我终于在2024年初收获了录取的喜讯。9月，我将踏上新的学习旅程，面对学校精心设计的学习计划，我满怀期待。机器学习、人工智能等前沿课程，将是我提升技能、拓宽视野的宝贵机会。

我坚信，终身学习是自我提升的不竭动力。通过这次深造，我不仅希望能够实现个人的成长和转变，更期待能够将所学知识应用到实际工作中，为银行业务带来创新与突破。我将以满腔的热情和不懈的努力，迎接每一个挑战，书写属于自己的辉煌篇章。

回顾在银行系统的工作历程，我深刻体会到是每一份辛勤耕耘铸就了今天的我。这些经历不仅锻炼了我的专业技能，更培养了我坚韧不拔的意志和对细节的关注。我深知，学习之路永无止境，它带来的不仅是知识的积累，更是心灵的成长和视野的拓展。

家庭的支持是我追梦路上最坚实的后盾。当我决定继续深造时，家人的理解和鼓励成为我前进的动力。我感激他们对我的爱与信任，这让我更加坚信，无论未来道路多么崎岖，我都将勇往直前。

面对即将到来的学术挑战，我满怀期待。我相信，通过不懈努力和持续学习，我能够克服任何困难，实现自我超越。我渴望在人工智能领域探索未知，用知识的力量为社会带来积极的影响。

在追求个人成长的同时，我也深刻认识到工作与生活平衡的重要性。工作、学习和家庭，每一方面都是我生活中不可或缺的部分。我学会了在忙碌中寻找宁静，在挑战中发现机遇，这让我在不断变化的世界中保持了清晰的方向和坚定的步伐。

温暖智慧
进哥哥

破茧成蝶：以行动之勇，拥抱生命之光

深耕职场 31 年
专注组织人事与人力资源工作 23 年
曾任多刊（报）主编、副主编、编辑及记者
编辑写作文稿超 160 万字
现致力于企业品牌建设、管理和人才培训

“人生就像一场马拉松，不在于瞬间的爆发，而在于征途中的坚持。”人生如长河，行动是标配，勇气是灵魂。它如明灯般照亮前路，将爱、感恩、渴望和智慧，融成行动的底气，击穿苦难，温暖我们的漫漫行程，直至抵达山顶，触摸那壮阔的山川、璀璨的星河和绮丽的风景。

我常思考行动与勇气的关系，为何不能躺平沉睡，而要坚定行动？其中应该蕴含着许许多多关于人生价值的思索。

01 勇气，如暗夜明灯

“黑夜无论怎样悠长，白昼总会到来。”这一辈子，我曾不幸地被负面情绪所包围，我真真切切地体验到了匍匐挣扎在谷底、身处至暗时刻的极限状态。那些日子，焦虑与痛苦如影随形，生命的火苗如风中的煤油灯，几近熄灭。我孱弱的身躯犹如波涛汹涌的大海里的一叶扁舟，迷失了方向，随时会被恶神撕碎，沉入暗流涌动的深渊。8个多月的时间里，我极少去获取窗外的信息，一切仿佛变得陌生。我清醒地知道，这是我人生极限挑战的滑铁卢之战、垓下之战。

在这令人窒息的黑暗里，除了我妻子无微不至的拖拽和年幼女儿那忧心忡忡的目光之外，远在家乡的母亲每晚准时打来的电话，连同妻子女儿在岸上不停的呼唤，像一束束永不熄灭的光，照进我心窝里。

差不多整整8个月240多天，母亲那温暖、亲切又无比坚定的问候和嘱咐，成了我救命的稻草。母亲的声音，穿透时空的阻隔，给我带来温暖和力量，让我在深不见底的泥潭中，看见了一丝丝裂缝中的曙光。

想想我的母亲，这辈子可以说命运多舛。她曾凭借挑灯夜战，笨鸟先飞，不仅考进了民办教师的队伍，而且还在那些高学历同行惊讶的目光中，经过三次从头再来的拼命，成为公办教师队伍中的一员，之后完成了从小学二级、一级教师到高级教师的美丽转身，并被教育部门评为当地的教育教学先进分子，进入名师之列。母亲在三尺讲台上挥洒着汗水，默默地深耕，以爱为底色，守护着许许多多贫穷孩子的梦想。我的小学第一任老师，就是我的母亲，她是一位语文老师。后来，我成为大学中文系的学生。

2024年8月2日至9日，我带着80岁的母亲、18岁的女儿和我的妻子一起去岳麓书院聆听湘楚大地那人文不灭的歌唱，去登临张家界、黄石寨那众口称赞的人间仙境。母亲一个80岁的老人，跟着我们行走了整整6天，一路上她的右脚越来越红肿，疼痛感也愈来愈强烈。我问妈妈，要不要停下来休息休息，看情况再走？她说她不想拖延全家人和旅行团的行程，于是简单地擦了一些药水后，再次上路，跟我们走完了整个行程。途中，她不用我搀扶，也不用孙女撑伞遮雨，而是自己在风雨中跟着向导坚定前行。我忽然发现，瘦削单薄的母亲身上有一种异于常人的东西，让我们十分惊讶和感动。

曾经，当我们三兄弟同时陷入人生低谷的时候，母亲像一个不知疲倦的战士，奔波在三个城市的三个小家庭之间，尽她微弱如丝的力气，为我们撑起遮风挡雨的伞。

“为母则刚”这句话，我不知道读过多少次，在这一刻，显得异常巍峨而高大！

母亲像一座灯塔，给我们一家人，甚至靠近她的人提供了温暖和方向，让我们在艰难的人生时刻，也有勇气继续往前走。

信念是勇气的底色，而勇气是行动那一抹永不熄灭的光，照亮人生的道路，让每一步跨越都充满了力量。由此，我想起了我优秀的师兄，第十一届茅盾文学奖获得者——东西，在他获奖的长篇小说《回响》中，深刻地呈现了关于信念、勇气和行动之人性光辉的力量，为中国文学界贡献了一部优秀的扛鼎之作，让读者对信念之于勇气，勇气之于行动，行动之于人生，有了透彻人心的认知和觉醒。余华在《在细雨中呼喊》一书中也说过一句意味深长的话：“当我们凶狠地对待这个世界时，这个世界突然变得温文尔雅了。”杨绛先生在《我们仨》中也对勇气和行动有过深刻地表达：“走好选择的路，别选择好走的路，你才能拥有真正的自己。”他们的话语和故事，都直指某个人生要义，激励着我们勇敢地朝前走去。

02 勇气，乃心灵的滋养剂

“心若有所向往，何惧道阻且长？”当我从人生的低谷勇敢地走出来时，竟然获得了奇妙且美好的人生体验。在这个过程中，我深刻地感悟到，快乐，往往只在瞬间一闪而过，而人生的苦难则是一种常态。我们在十字路口迷茫时，太需要学会放下对物质利益的过度执着，需要自我救赎，学会断舍离。当用心去聆听来自心底那正向情绪的巨大声音时，就会感知到自由和幸福的真正意义到底是什么？

获得勇气的秘密之一，在于有意识、不停地输入积极情绪，让心灵的深处生长出向上攀爬的力量。首先，读一本充满正能量的书籍，比如张德芬老师的《遇见未知的自己》《活出全新的自己》，露易丝·海的《生命的重建》《心的重建》等，都会在心灵的花园里播下信念、希望和勇气。通过阅读这些优秀作品，我们能够汲取书中的智慧和力量，为自己的心田注入无比强大且源源不断的向上托举的能量。

今年暑假，我的女儿在结伴游学马来西亚的行程中，她因为看见一位师姐在不到一年的时间里，将英语口语提升到对答如流的水平，而被深深地触动了。回来后，她决定向师姐学习，勇敢地挑战自己一次。

出乎我意料的是，她选择了马术这一极具挑战性的项目。大家都知道，练马术不仅需要克服对马匹的恐惧，还需要具备出色的平衡能力和应变能力。对于之前连墙上的壁虎和地上的老鼠都心惊胆战的她来说，这无疑是巨大的挑战。同时，她还决定在高中阶段自学自考雅思，挑战自己的学习极限。

为了成为有方向、有格局、有气质的女孩，她激发出心中的信念，用超越平常的目标来激励自己，逼自己去努力一回。而我看见她正在朝着梦想一点一点地前行。

这些积极的活动和体验，如同心灵的滋养剂，让我们在面对生活的挑战时，拥有更加坚定的内心和无畏的勇气。

03 勇气，为行动领航

“人生没有白走的路，每一步都算数。”想要获得行动的勇气其实并不难，我们可以尝试实践以下几个方法。

第一，选择一项适合自己的运动。运动不仅能够锻炼身体，增强体质，还能让我们在挑战自我的过程中，不断提升勇气和自信，让我们敢于面对生活中的各种困难和挑战。

第二，参加线上线下公开课。通过这种方式，我们不仅能够在精神和物质上获得一定的满足感，还能够在不断学习和实践中，积累经验，提升能力，进一步激发自己的勇气和动力，让自己更加勇敢并有能力去追求心中的蓝天梦。

第三，参与到读书会等活动中来。主动融入正能量的社群，如成长读书会、团体歌唱会、书法书写社群、棋牌比赛社群、山地历险活动等，借助团队和圈子的集合力，强大自己的气场，提升获得感和价值感。

第四，培养积极的思维方式。面对困难和挫折时，不抱怨、不逃避，学会拆解问题，从底层逻辑上寻找原因和解决办法。学会从失败中吸取教训，将每一次挫折都视为成长的机会，接纳于心中。保持乐观的心态，相信自己有能力克服一切困难。

勇气是行动的底气，我们要梳理清楚其中的逻辑关系。没有勇气作为支撑，行动往往会缺乏动力和决心，容易半途而废。当我们拥有足够的勇气时，便能坚定地迈出每一步，克服种种困难，实现目标。

04 勇气，化为梦想的翅膀

“风可以吹走一张白纸，却无法吹走一只蝴蝶，因为生命的力量在于不顺从。”在这个充满机遇与挑战的时代，勇气就像一双有力的翅膀，承载着我们的梦想飞向远方。如果没有勇气，我们如何能在困境中突破重围？如果缺乏勇气，我们如何能坚定信念，实现自我超越？倘若不敢勇敢地迈出第一步，哪怕是半步，我们又怎能为家庭带来幸福，为社会奉献自己的热血和力量？

尼采说："那些杀不死你的，终将使你变得更强大。"这深刻地揭示了勇气在人生中的重要作用。只有经历了风雨的洗礼，我们的坚强和成长才能被看见，生命才会变得无比坚韧。

罗曼·罗兰也说过："世界上只有一种英雄主义，就是在认清生活的真相后依然热爱生活。"

要敢于相信：除了死亡，一切都是擦伤。当我们有了向死而生的认知和心态，就能淡定从容；内心保持愉悦、平静和安详，就会自然生发出"爱，无处不在；幸福，也无处不在"的真实美妙的人生体验，就会感知眼前世界的静美安好，而且朝气蓬勃。

人生之路何其漫长，在路上，需要我们以勇气为铠甲，用行动来劈山开路。每一次挑战都是成长的机遇，每一次困难都是打磨意志的礼物。勇敢地迈出每一步吧，甚至是半步，我们终将破茧成蝶，绽放出属于自己的光芒。

从外打破的是鸡蛋，从内打破的才是生命！破茧成蝶，需要勇气的淬炼；拥抱光明，需要勇气的加持。

愿我们都能心怀勇气，无畏前行！风月无边的山顶在等着我们！

刘克娟

努力向前，
向着标杆直跑

100 天考取全日制 211 高校硕士
世界 500 强企业市场营销人员
公众号阅读量 10 万以上文章作者

在如此内卷的时代，每个人都背负着太多的压力，老年人生机勃勃，年轻人却总想躺平。如果你不想被内卷裹挟，希望活出自我，我建议你换个姿势躺，也许可以躺赢。

01 找到热爱，奔赴星辰大海

一路走来，如果说我有什么成事秘诀，那一定是“找到热爱，持续行动”。

曾经每天忙忙碌碌，却不知道工作的意义，直到后来偶然参加了一次“夏练国度”的活动，体验了单车、跳操、攀岩、拳击等项目，最后发现自己能够零启动且长期坚持的项目就是跑步。

跑步是一个人的战斗，是个人意志和消极懒惰的正面对抗。日本作家村上春树在《当我谈跑步时我谈些什么》一书中传达了这样的思想：跑步不仅仅是一种运动，更是一种生活态度和自我挑战。

在运动中我重获轻松愉悦，这种愉悦完胜自身的惰性，体验过运动后的快感，对我而言，抬腿跑步并非难事。从那时起，复旦大学南操场上多了一个跑步的身影，即便出差，我也会带上运动鞋，来一场一个人的马拉松。

跑步很苦，坚持很酷。那一年，我去了三个国家十几座城市，在工作和旅行中会抽出时间跑步，因此结识了很多热爱运动的朋友。

跑步的时候才是真正意义上的独处时间。我和自己对话，给自己加油、定目标，也会思考工作中的难题，偶尔还会迸发出一些灵感和创意，忍不住要记录下来。

后来，我特地准备了一个“灵感笔记本”，把灵感和想法记录下来，这个本子成了我写作的选题素材库。开启写作，是我跑步跑来的“副产品”。

之所以钟情写作，是因为我见证过文字的力量。

大四的冬天，我的同班同学遭遇车祸住进了重症监护室，亟需筹款。我和其他同学一起撰写募捐海报文案、广播词，策划募捐方案，在两个校区同时开展募捐活动，不到一周时间，我们就筹集到两万多元，第二周继续有人捐款。最终我们筹集到3万多元，全部交到那位同学的家长手中。

募捐过程中，有很多瞬间令人感动。学校各个学院的同学慷慨解囊，平时素未谋面，却及时伸出援助之手。他们说，看到海报第一时间就来捐款了，我们写得很好。虽然我们不认识，但我们是同学也是兄弟姐妹，也许我听过他主持的节目，也许我和他在同一间自习室学习过，总之，我希望能帮助他挺过来！

虽然，结局并非所愿，那位同学没能挺过那年的圣诞节，但是，以文字为媒介去连接更多人，这粒种子深深扎根在我心底。

我知道，文字有力量。

我希望通过文字去影响更多人，带去向上的力量，参与生命的成长。

02 不破不立，向上生长

说到100天成功考研，这还得说到影响我生命轨迹的人——我的大学导师朱老师。很多人认为我能在短时间内达成考研目标，一定从小就是个学霸，其实不然。实际上，这基于我思维的转变。

和大多数年轻人一样，我也曾自卑迷茫过。大四一开学，白天宿舍楼里已经不见人影，同学们不是在准备考研就是在准备考公，只有我对未来没有清晰的规划。在寂静中，我感到恐慌。

有一天，我导师问我毕业以后有什么打算，我说我也不知道。她帮我分析了现状，问我为什么不考研。我说怕考不上，她哈哈大笑，说还没考呢，就说考不上，也太早了吧！

她是一个乐观又有感染力的人，有开放性思维，对未来充满希望，想干一件事就会全力以赴。无论是跨学科教学，还是出书、翻译，她都沉浸其中，完全是一个独立女性、跨界达人。

这种做事的思维和行动的力量感染了我，我也希望能够成为像朱老师一样内心强大、精神独立的人，用文字和媒介传递积极的人生态度，影响周边的人。

重塑信心后，我克服恐惧，正面挑战目标，带着老师的期待和对未来的憧憬，确定要报考中国传媒大学。

眼前的目标清晰了，行动起来更有动力，我仿佛看到我在校园里穿梭的身影，心情一下子变得雀跃。之前胆小自卑、迷茫无助的自己，在这一刻灰飞烟灭。

很多时候，很多竞争，都是自己跟自己的较量，就像打高尔夫球，每一杆都是肢体协调、心态调整的结果。你并不直接和对手肉身相搏，但是不能忽略你的对手如影随形。

人生很长，总是被扑面而来的挑战裹挟着向前；人生很短，如果不复盘就很难翻盘。

愿你活在当下，今生无悔，未来更好。

03 单点爆破，少即是多

100天考上211高校硕士；写出三篇阅读量10万以上作品；通过改变饮食结构，三个月瘦了12斤……

有人说我是擅长小目标“爆破”的蓝色风暴，做事雷厉风行。我却认为，这是一种做事方法，人人皆可行。

毛姆曾经说过：“任何一把剃刀都自有其哲学。”大概是说，无论何等微不足道的举动，只要日日坚持，从中总会产生出某些类似客观认知的东西来。

若需要日日坚持，最好的办法就是将其变成日常行为习惯。将习惯放进目标里，日积月累，便会有质的提升。

对我帮助最大的，是养成微习惯并刻意练习。

决定干一件事，并为之准备相应的“配套”，改变认知后才能开启新任务。例如，为了重新开启运动模式，我挑战30天跑步100千米。每天只要跑3300多米即可完成目标。为此我买了舒适的跑步鞋和喜欢的速干衣，设定了跑步闹钟，通常一旦开始跑，就会跑完5千米。因此，月度跑步的小目标很快就达成了。

成长是人生态度，定目标是成事秘籍。

目标分为横向目标和纵向目标。横向目标是将阶段性目标拆分成多个小目标，降低执行难度，这样有利于完成大目标。

纵向目标是贯穿大目标的主线，完成初级目标后逐步进阶，稳扎稳打，保障小目标不偏离最终的大目标。

关于爆破目标，我常用的方法是“PDCA循环工作法”。其实人生就是一次次的“PDCA循环”，即计划（Plan）、执行（Do）、检查（Check）、处理（Action），在爆破每一个小目标的同时，去发现问题并制定下一个目标，你会逐渐变得强大。

我的弟妹生完二孩后做了全职妈妈，她认为自己还年轻，不能赋闲在家。二孩未出生之前，她就考取了会计证，后来读了专升本，拿到了本科文凭。随着二孩的到来，她开始关注孩子的教育，带娃之余考取了小学教师资格证，并成功应聘到一家公立小学，但是她放弃了入职。她知道，现阶段最需要她的是孩子。

她完成了自己的小目标，也达成了大目标，完成了阶段性个人成长。即使最终她没有去工作，也赢得了家人对她的尊重和认可。只要时机合适，她随时可以进入职场，自己足够强大，才会有安然全职在家的底气。

关于落地执行，需要借助一些适合自己的技巧。正所谓“日拱一卒，功不唐捐”，成长需要时间的积累，也需要持续付诸行动。

前面说过，我使用灵感笔记本，把想法和灵感写下来，积累了选题和素材。

对我来说，如何在工作生活之余抽出时间，快速把灵感写成优质文章是我的难点。为此，我拆解了其中的卡点，对生活习惯做了调整。

首先，针对时间不足的情况，我开始使用番茄闹钟，把时间分隔为20分钟一段，投入写作20分钟，花5分钟处理生活琐事，每天用两三个番茄闹钟，便能增加1小时写作时间；其次，由于缺乏整段时间，我决定早起写作，早上5点我的效率更高，更容易进入心流模式。三篇阅读量10万以上的作品，正是利用这个方法完成的。任何微小的坚持，经过时间的打磨都会熠熠生辉。

如果你还没想好如何行动，建议你从有意思的小事开始，不管得失，全力以赴，你将会找到出路。

躺平是一种人生态度，行动却是你我的日常。

躺平是对内卷的反抗，也是寻找突破前的彷徨。很多人只看到了躺平的身躯，但是我看到了他们不安的内心。

每个人都有自己的取经路，但每个人的选择不同。就如现象级国产游戏《黑神话：悟空》，每个玩家通关中的不同选择造成最后结局不同，有的身体残缺，有的加以冠冕，还有的需要重走西游路。

希望你换个姿势，找到热爱，重新揣摩生命的美意，向着标杆出发。

人生有很多可能性，希望我的经历和方法能够帮助你长成自己喜欢的模样。

穆英

心之所向，行之所至：穆英的生命探索与行动之旅

40 年教育经验
非暴力沟通实践者和推广者
同理倾听师

在生命的长河中，每个人都有属于自己的转折点，它们如同璀璨的星辰，照亮了前行的道路。我也曾站在人生的十字路口，面对着选择。从怀揣教师梦的青涩岁月，到在教育殿堂中取得优异成绩，再到退休前敲响健康警钟，每一次挑战都是对自我的深刻探索和考验。这是一个关于勇气、成长和行动的故事，是我的故事，也是我们每个人的故事。

01 在脆弱与坚韧中寻找人生真谛

我出身平凡工人家庭，自幼怀揣教师梦。中考时，我坚定选择考取师范之路，以优异成绩步入教育殿堂，实现了儿时的梦想。任教后，我立志成为优秀教师，在10年班主任生涯中不懈努力，赢得了学生爱戴和同行认可，荣获北京市紫禁杯优秀班主任等多项荣誉。

职业生涯中，我幸得组织栽培，从教师晋升为校长、书记，在管理岗位上深耕26载。其间，我多次荣获教委优秀正职干部、北京市中小学优秀党务工作者等称号，为教育事业倾注心血。

退休前一年，一份体检报告的数字，如同命运的重锤，敲响了我身体健康的警钟……

体检报告上超标的类风湿因子（正常是20，我的检查结果是1320），不仅是健康的警示，更是生命脆弱与时光宝贵的警示。医院的紧急召唤、住院检查的紧迫安排，这一切如同连环炮，轰击着我的内心，让我在煎熬中体会到了人生的不确定性。

在那段住院的时光里，时间的脚步似乎变得沉重而缓慢。每日的检查和等待，成了我生活的主旋律。然而，正是这段看似单调沉闷的日子，意外地成为我生命转折点的序曲。

当清晨的第一缕阳光穿透夜的帷幕时，我在公园的小径上独自漫步，目睹了各式各样的生命在晨光中跃动。跑道上，不同年龄、不同健康状况的人们挥洒着汗水，拄拐前行的老人们尽管步履蹒跚，却以坚定的步伐诉说着对生命的不屈与热爱。

这一幕，如同闪电划破了我心中的迷雾。我想起汪国真的《热爱生命》中的诗句："我不去想，是否能够成功，既然选择了远方，便只顾风雨兼程……我不去想，未来是平坦还是泥泞，只要热爱生命，一切，都在意料之中。"

我做好了充分的思想准备，无论检查结果如何，我都将勇敢地面对。这次意外的暂停，给了我重新审视自己人生剧本的机会，让我不断地追问自己：人究竟为什么而活？怎样才能活出生命的价值和意义？下半生我将如何度过？

生命的脆弱和时间的紧迫，不应成为我们逃避的借口，而应成为我们勇敢面对、深刻反思、积极行动的动力。在脆弱中找到坚韧，在不确定性中找到确定的价值和意义，我们才能活出一个更加充实和有意义的人生。

02 退休不褪色，教育热情续写新篇章

2019年，正当我规划退休生活的蓝图之际，一通来自校长挚友的电话如同春风拂面，点燃了我心中对教育不灭的热情，他说："我校正实施青年教师培养计划，获北京市教委大力支持，数学专家已就位，唯缺一位语文领路人。您要退休了，能否以语文专家的身份，用每周三个半天的时间，引领青年教师成长?"我欣然应允，这不仅是退休后的首份邀约，更是我教育事业上的新启航。

回首过去，10年班主任的经历锤炼了我的耐心与智慧，12年校长的征途铸就了我的领导才能并开阔了我的视野，而14年的书记工作则让我深刻理解了党建与教育的紧密结合之道。对于领导的信任、组织的悉心栽培，以及同事们无私的支持与帮助，我始终心怀感激，满怀谢意。

步入退休生活，那份积淀的热情与经验并未减退。在国家行政教育学院及清华大学继续教育学院的讲台上，我常被邀请作为专家，向全国的中小学书记、校长传授党建工作的精髓。我的足迹遍布全国，每一次的分享不仅是对教育初心的坚持与传承，也是我对过往感激之情的真挚流露与回馈。

不仅如此，周边学校的校长也邀请我为中层干部、党员教师进

行培训并答疑解惑，讲述成长的故事，传递教育的温暖。加之北京市与朝阳区督学的双重身份，我得以定期深入学校，进行实地督导，这份责任与使命，让我的退休生活不仅充实，更添几分不凡的意义。

在校园督导的间隙，常有同人与我交谈，他们或赞叹于我依旧饱满的工作热情，或羡慕我丰富多彩的退休生活。我总会微笑着告诉他们："退休是身份转换，而非生活终结，它赋予我们更多自由去追求所爱。珍惜当下，持续精进，人生的每步皆算数。"

现在，我以银龄讲师身份，与昆明市禄劝县屏山小学携手，共绘发展蓝图。我们创立语文名师工作室，培养青年教师，举办讲座，并促进与北京芳草地国际学校的合作，力求教育新跨越，助力乡村教育振兴。学校日新月异的变化，让我深感自豪，这是对教育热爱的最佳回馈。

北京教育学院原党委书记、院长倪益琛先生曾给予高度评价："退休后，她以更广阔的舞台展现价值，以更灵活的方式共享智慧，以更深厚的底蕴指导专业，诠释了教育人的不懈追求与卓越风采。"这不仅是对我的肯定，更是对所有退休后仍坚守教育初心者的共同赞誉。在这条永不停歇的教育之路上，我将继续前行，初心如磐，矢志不渝。

03 爱的语言，让生活更加美好

早在2016年，于北京大学继续教育学院书记班培训期间，我有幸聆听了张玮桐老师关于非暴力沟通的讲座。那一刻，我仿佛被点亮了心智。非暴力沟通，这被誉为“爱的语言”，其魅力令人叹为观止。通过它，我们得以在交流中诚实而清晰地表达自己，同时怀揣尊重之心去倾听他人。尤其在面对矛盾与冲突时，非暴力沟通成了一座桥梁，能促进双方倾听、理解与深层次的互助，让爱与尊重如春风化雨，滋养着每一颗心，引领我们走向和谐共生的美好境界。这不正是我们梦寐以求的生活方式吗？

随后的岁月里，我沉浸于非暴力沟通的学习之旅，利用休息时间从成长营到浸泡营，再到高级班，直至成为导师班的一员，最终蜕变为一名同理倾听师。玮桐老师如同一盏明灯，引领我找到了生命的新航道——让爱成为生活的底色。我学会了自我接纳，也拥有了同理他人的能力，对人对事的态度由苛责转向包容与理解。

在工作上，我积极将非暴力沟通的理念付诸实践。作为责任督学，面对家长因学校伙食问题而情绪激动地打来的来访电话，我运用非暴力沟通的技巧，先耐心倾听，再以同理心回应：“我深感您此刻的焦虑与关切，孩子的健康是我们共同的牵挂。请放心，学校始终将学生的健康放在首位。我会立即与学校沟通，尽快查明情况并给您满意的答复。”这样的处理方式不仅有效缓解了家校间的紧张氛围，还增进了彼此的理解与信任。

家庭生活同样见证了非暴力沟通的力量。当先生因我连续熬夜上网课而担忧时，说出“你别走火入魔”这样不中听的话，我未再针锋相对，而是用非暴力沟通的方式解读他的关怀：“我感受到了你的担心，谢谢你这么关心我。我会注意调整作息，确保中午休息，保持健康。”这番话让先生的语气瞬间柔和，我们之间的心也因此更加贴近。

04 中年重启：以开放心态拥抱多彩人生

记得万维刚老师在《中年最大的危机是社交封闭》中，深刻剖析了社交圈缩小所带来的思维局限，但科学启示我们，大脑的可塑性可以超越年龄界限。中年时期，尽管部分能力或许会减退，但模式识别、空间想象力与逻辑推理却可能会悄然提升。因此，无论岁月如何更迭，保持开放心态，积极拓展社交圈，与多元背景、各年龄段人群交流，是激发智慧火花、持续学习的不竭动力。

退休后，我重拾儿时爱好，投身于演播课程，系统训练声音，闲暇时朗读成趣，让声音成为传递情感的桥梁。我意外发现这对讲座演讲大有裨益，连续授课亦能游刃有余。我还勇于尝试小视频制作，真人出镜虽具挑战，但收获了朋友们的赞誉与自我成长的喜悦。视频发布后，意外走红，尤其是关于刘国梁评价孙颖莎的那则，迅速引发广泛讨论。面对“与年轻人争锋”的质疑，我以淡然一笑回应，坚信年龄只是数字，心态年轻才是关键。在这个创意无限的世界里，每个人都有属于自己的舞台，无关乎年龄。

在求知的路上，我紧跟时代步伐，师从畅销书作家弘丹老师学习“AI写作”，参与“大咖书房·弘丹畅销书IP3.0”培训，并加入古典老师主持的“超级个体IP营”，矢志成为拥有独特知识影响力的超级个体。

退休不是终点，而是新旅程的开始。我秉持“活到老，学到老”的信念，倡导在兴趣的驱动下自由探索，不拘形式，持续学习。

生命是一场不断探索和自我超越的旅程。在这条路上，我们或许会遇到困难和挑战，但正是这些经历塑造了我们，让我们的内心变得更加坚韧和丰富。无论岁月如何流转，我们都要保持那颗年轻的心，不断探索，不断行动，直到找到属于我们自己的那片星光。

柯美彤

有梦想、敢行动，
小透明也会闪出耀眼的光

从事教育工作 20 年，培训过 3000 多名学员
中国民建委员，中国青联市级常委
旭阳教育创始人，美彤读书会创始人
“全国好青年”代表，“吉林省好青年”
心理咨询师，家庭教育指导师

如果你一出生，上帝就毫不客气地给了你一把烂牌，给你出了一道难选的题：一种是放弃抵抗，破罐子破摔，认命地蹉跎一生；另一种是披荆斩棘，努力创造，逆天改命的涅槃重生，你会如何选择呢？

很“幸运”，我就是那个拥有一把“烂牌”的人。

回顾这跌跌撞撞的前半生，从一个土里土气、懵懂无知的山村小丫头，成长为被评为共青团省级、市级青年的榜样，励志的创业者，专业的教育家，内心百感交集……感恩这一路的挫折和贵人引路，感谢家人和朋友们的陪伴，也感谢自己持续向前、永不停歇的毅力。

01 种下一颗种子，让信念生根发芽

我的父母都是下岗职工，早早地就丢了工作，家境贫寒，所有的亲戚里，我们家最穷。穷到每次我上学需要交学费的时候，我的大姨、二姨、小姨就会把钱送到我家来。妈妈拉扯着不要，姨们拉扯着非要给，最后是她们扔下钱就跑。年纪尚小的我不明白为什么总是别人给我家钱，为什么不能是我们给别人钱呢？

也许就是在产生思考的那一刻，我在幼小的心灵里种下了一颗

创造美好生活的种子，立志要努力学习，长大了改变家庭的窘状，让父母过上幸福美好的生活。在18岁的花季，我心中有了6个梦想：当军人、当老师、当老板、25岁买房、35岁买车、45岁退休（不再为赚钱而去做自己不喜欢的事）。带着这些沉甸甸而很坚定的梦想，我以还不错的成绩毕业并找到了工作。那是我拼搏奋斗的起点，为了赚钱养家，刚步入社会还很稚嫩的我，同时打4份工。那时，我每天只能睡3个小时，上班就像跑接力赛，一棒接一棒地工作着，全年无休。这样拼命的日子持续了快一年，我逐渐感觉身体要透支了，每天都萎靡不振。

在我25岁的时候，我用超出常人的积极行动，让信念发了芽，我实现了人生中第一个梦想——买房。虽然它很逼仄，只有50.78平方米；虽然它不朝阳，屋子里全年透不进来阳光；虽然它靠冷山，冬天来临的时候，那一面墙都结冰霜；虽然有太多的“虽然”，但是都不影响我实现第一个梦想时的喜悦。这是第一颗又大又甜的果子。我和妈妈开开心心地住了进去，幸福感油然而生。

那个时候的我，满脑子都是拥有自己房子的欢喜，它让我沉浸在日子一定会越来越好的幻想中，没想到接下来前方会有很大的坑出现，那里铺满了荆棘，它们仿佛亮出了獠牙，在黑暗处恶狠狠地盯着我，貌似我已然成为它们的盘中餐了……

02 掐住命运的咽喉，不向命运低头

买了房子之后，我就辞掉了3份工作，只保留了一份全国连锁的集团公司英语老师的工作。命运似乎就爱捉弄人，我在经历了多年的全力打拼后，整个人身心俱疲，严重的透支让我的精神开始逐渐萎靡，原本积极阳光、自信、正能量的人生，开始渐渐变得灰暗，我变得焦躁不安，吃不下饭，还整夜整夜地睡不着……脸上起满了严重的痤疮，一个个小小的白头像雨后春笋一样，争着从我的脸上钻出来，还伴随着脓水，看着镜子中的自己，我崩溃了……我完全没办法接受一个妙龄少女变成镜子中那个满脸凹凸不平、肿胀流脓且极度丑陋的“老妖婆”。

我越来越不自信，经常自己坐在角落里哭，感觉自己都要抑郁了。内心脆弱得连一根头发丝那样细小的事，都能成为压死我的最后一根稻草。在不能承受任何压力的情况下，我从集团公司辞职了，除了要面对失业，面对失去我最爱的孩子们，还要面临着合同没到期打官司，我的天，塌了。我回家呆呆傻傻地开始调养了，每天除了吃喝就是睡觉，浑浑噩噩地度过每一天，这样傻吃傻喝的状态持续了半年之久……

突然有一天，我发现镜子里出现了一张面色灰暗的陌生的脸，我内心一颤，很惊讶，这还是我吗？这还是那个拥有6个梦想的充满能量的姑娘吗？恐惧感瞬间席卷全身，我问自己：柯美彤，这是你要的人生吗？你就打算这样沉沦一辈子吗？就这样向命运低头认输了吗？你的不服输呢？你的勤奋呢？你的勇敢呢？你不是嚷嚷着要逆天改命吗？你不是要改变家庭的状况吗？你不是想让父母生活得更好吗？你不是要证明自己的价值吗？那请问：你现在在干什么呢？还要继续这样吗？

此时，大颗大颗的泪珠已经串成了线，不自觉地从脸颊滑落下来，内心有个坚定的声音说：我不要！“命由天造，运由己改。”我不要这样灰暗的人生。我是勇士，我要上生活的战场，用行动去厮杀。我要改变生活，改变家族命运。我要做一束光，去照亮更多和我一样身处在黑暗中需要帮助的人，我要创造更大的价值。那一瞬间，血液在血管中沸腾起来，一股强大的能量涌入全身，仿佛身体中的每一个细胞都在为跳一支实现梦想的舞蹈而跃跃欲试。那一刻，我又重新找到了自己，再次拾起了梦想。我开始调整状态，重新起航。我带着这些激情和能量，和最好的闺蜜伟燕一起去了新马泰开阔眼界，看看外面宽广的世界有多美好，人生是那样值得我们珍惜并享受它。

带着重新拾起的梦想，我回到了家乡吉林通化，那座民风淳朴，人杰地灵的小山城。这里山美、水美、人心更美，伴随着这么多的美，我开启了我的创业之旅。迎着阳光，勇敢地抬头冲着命运微笑，去创造属于我的下一个果实。

03 想全是问题，做都是答案

我参加过一次“行动派梦想清单”的活动，助力了我后来的创业发展。创始人婉萍说：“有梦想，要行动！”想全是问题，做都是答案！于是，我告诉自己：“把行动交给现在，把结果交给时间。”创业的初期，实践还是给我上了很生动的一课的。真的是验证了理想很丰满，现实很骨感。

从知道到做到，还是有很长一段距离的。因为没有什么存款，家里父母也帮不上忙，所以初次创业还是有点寒酸的。我走遍大街小巷，磨破了嘴，走断了腿，终于租到了一间小教室，自己买了黄色、粉色、绿色的乳胶漆，亲自刷了半宿。要了20张别人不要的破旧的桌椅，不但掉漆，就连钉子都露出了锋利的尖牙，我一只脚踩着椅子，一只手拎着锤子，叮叮当当地把露出的钉子都砸了回去，感觉像在打不会跑的地鼠，还蛮好笑的，桌子也穿上了漂亮的彩色条纹新衣。教室焕然一新，虽然很简陋，但我想起了《陋室铭》，也就不难过了。一切充满了希望和未知。收拾完教室，我开始兴冲冲地招生了，印刷了500张传单，走街串巷，东躲西藏地发，生怕遇见城管被没收了传单。果然没有白付出的汗水，终于有几名学生要试课。我开心得像中了500万的大奖一样，立刻安排好试课日期，结果老天给我个当头棒喝——“小丫头，创业没你想象得那么容易。”试课当天，天公不作美，下起了瓢泼大雨，学生家长一个接一个地打电话来，说雨太大了，不来试课了。我呆坐在狭小的教室里，眼睁睁看着雨水淹没了门口的第一层台阶，心酸委屈的眼泪一瞬间涌出，那一刻我站起来冲进大雨中，让暴雨拍打着我的脸和身体，让眼泪和雨水交融在一起，我把所有的情绪都冲着天空大声释放出来：“老天爷，你难不住我的，只要我坚持，就一定会成功的！打不死我的终将让我坚强！”

后来经过不断努力，我终于获得了家长的认可，学生也越来越多。因为我选的项目是素质教育，而那一年，国家正好提倡“素质教育要从娃娃抓起”，于是我被社区树立成典型，被评为“吉林省创新创造好青年”，人生从此刻开始悄悄地发生质的改变……后来，我搞了一场园艺活动，居然来了100多个人，都簇拥在50平方米的教室里，电视台记者来采访，摄像机都进不去，还是击鼓传花一样传递进去的，我这个“小透明”开始逐渐被这个城市所看见……我的内心百感交集，从此以后开始了灰姑娘的“开挂”人生！

机会越来越多，我成了“全国向上向善好青年”通化代表、“市级优秀青年典型”、“优秀青年讲师”、“市创业之星”，最终当选为民建通化市委委员、通化市青年联合会常务委员，还被邀请到公立学校做艺术社团教师。至今被超过3000名学生和家长尊称为“贾玲老师”（因为有点像贾玲）。也去职业技能学校给孩子们宣讲“梦想的力量”。我作为旭阳教育咨询有限公司的创始人，也为社会尽一份自己小小的责任，在共青团通化市委的指导帮助下，创办了“美彤读书会”，开设线上、线下多元化的读书活动，引领广大青少年“共读书，读好书”。同时考取了心理咨询师、人力资源管理师、儿童情商高级指导师、儿童注意力指导师、语言表演指导师、家庭教育指导师等十几个资格证书。未来，我想用阅读的力量影响一座城，让家乡通化成为“书香城市”，邀请更多爱读书的小伙伴们来看看这有红色文化，民风淳朴，盛产葡萄酒、人参、鹿茸，还有绿色山野菜的“山城通化”“书香通化”。

如今，我创业已经10年整，从最初的迷茫、困难重重，一无所有，到如今各种身份、荣誉加身。买了几套房，买了自己的车，创办了自己的公司，做自己理想的公益事业，曾经18岁花季的6个梦想，已经完成了5个。就剩下最后一个45岁以后只为热爱而工作生活了。你看，这就是人生。未知才能散发魅力。我，用自己青春中最好的20年，勇敢地行动，从一个名不见经传的“小透明”，到终于闪出了属于自己耀眼的光！也希望所有像我一样的普通人都能通过行动，让自己的梦想生根发芽，开花结果，闪耀出属于你们独有的光！

吴燕琴

一个追梦者的故事

一个自我成长的终身学习者

一个受蒙台梭利教育启迪的实践者

一个物流资深能手，18 年筑梦前行者

我出生在一个普通的家庭，父母都是勤劳朴实的农民。他们用自己的双手，耕耘着这片土地，虽然收获不多，却也足够解决我们一家人的温饱。我从小就在这样的环境中长大，看着父母日出而作，日落而息，他们的生活虽然平凡，却也充满了对生活的热爱和对未来的憧憬。

“总有人间一两风，填我十万八千梦”如同晨曦的第一缕阳光，透过厚重的云层，照亮了我的世界。我的心中却有着不一样的梦想。我渴望能够走出这片土地，去看看外面的世界，去体验不同的生活，去实现那些深藏在心底的梦想。我知道，这需要勇气，需要坚持，更需要付出比别人更多的努力。

我开始了我的逐梦之旅。我努力学习，希望能够通过知识改变自己的命运。我尝试各种工作，幼儿园老师、化妆品店、高尔夫销售、保险，希望能够攒够资金，去实现我的梦想。我的梦想就是有自己的事业，跟一群志同道合的伙伴在一起工作。

01 梦开始的地方

通过多年的打拼，我也有了属于自己的物流事业。也许有人会好奇，我为什么是做物流的，这真的是一种偶然，也是必然吧。为了那个心中的梦想，那时还在广州做友邦保险，每个周末去参加各种活动，比如茶话会、演讲课，这些对于当时的我来说，是最直接且廉价的拓客方式。现在我还清晰地记得，在一个阳光明媚的下午，我去靠近广州的火车东站的一个大厦参加一个活动，阴差阳错地走错了一个房间，正好有个“奇怪的男人”在台上讲课。他扎着一个小辫子，不是很长，刚好能扎住。虽然年纪看上去他有五十多岁了，但是依旧很潮。他讲得最多的两个字就是“物流”，后来才知道是一个宝供的领导在讲物流的课。当时我的脑子里就蹦出这样一个念头：“这个可能是一个朝阳行业，是一个未开发的处女地，男人能做的事我一样能做，而且我是做销售的。”

小组里有一个兼职做保险的物流人，因为有了这个想做物流的种子，我就在工作之余向他请教，而他也是一个非常热心的人，一二来去就帮我搭上了关系，将我介绍到了“宅急送”物流。这是我物流生涯的第一站，也算是娘家。想做销售的我只能先去“上站查询”的岗位“趴着”，因为当时销售部不招人。“山不过来我过去”，第二个月我就毛遂自荐写了一封到销售部的自荐信。我这颗迫切要加入物流行业的心，再加上我这么多年销售的经验，很快使我如愿以偿。

后来我跟着我的师傅在物流的销售部，现在想想这辈子认识我的第一位人生导师是我的幸运。他教会了我很多，不只是专业的知识，更是为人处事，一些礼仪礼节。我是从农村出来的，也没有受过专业的培训，但是我跟对了师傅，师傅教会了我很多，让我少走了很多弯路。

比如，拜访客户前要做哪些准备（根据见客户的重要紧急度，来合理安排时间和路由，所要带的资料，客户可能会问的一些问题，做好竞争对手的调研工作），见客户开口怎么说，怎么去接客户递过来的东西，走之前怎么把椅子塞进桌子下面，这些都是师傅教会我的。此外，见完客户回来复盘，师傅还会跟我说今天跟客户沟通的过程中，我有哪些问题是值得注意的，有必要时我会录一下音，回听拜访客户的过程，来厘清自己见客户时有没有问对问题，当客户提出异议时我要怎么回复客户，怎么发邮件，什么时候发邮件给客户。

现在回想起来还是充满了感激之情。当我慢慢进入角色也能独当一面的时候，被苏南总部挖过来。记得在回来的火车上接到华南的销售总监发给我的短信，大概意思是说“感谢我在华南小件项目”的前期付出，给以后的工作做了一个很好的铺垫。当时我的眼泪夺眶而出，因为自己的努力还是被人看到，被人需要，自己所走的每步都没有白走。

02 风雨兼程，逐梦之路

岁月如梭，转眼间我在物流行业默默耕耘已逾十八载。2010年，我注册了自己的公司——“上海冠佳物流有限公司”。从最初的孤身一人，到现在拥有一支稳定的团队和舒适的办公环境，每一步都凝聚着我的汗水与辛酸。

物流行业，如同一叶扁舟，在经济的汹涌波涛中起伏不定。面对市场的瞬息万变，如何在狂风巨浪中稳住船舵，是我必须面对的课题。这个行业，看似稳固却充满变数，经济波动、技术革新、政策调整，每一个因素都可能成为压垮骆驼的最后一根稻草。

疫情的阴霾下，货物滞留，供应链的现金流断裂，客户的信任动摇，我的心中不禁泛起波澜。“危机”二字，不仅仅是风险，更是对能力的考验，对智慧的挑战。尤其是今年，在全球经济的低迷期，客户发货量明显减少，资金回笼慢，从现结到月结，再到季度结，半年或者一年结，甚至有的已经在走法院流程了。有的客户搬家，业务结构发生了变化，订单没有了；有的客户变成了僵尸客户；有的客户直接丢失。但这又能怎样？工人的工资还要付，房租、水电要出，每月的贷款要还。利润低做，钱不好收；不做，没有钱赚，压力如山大，让我夜不能寐。但是“战士就要战斗，商人就要承担”，我是一个打不死的小强，这么多年碰到无数次差点让我想放弃的念头，但我还是坚持了下来。我深知“没有伞的孩子必须努力奔跑”，逆境中我们不能等待机会，而要创造机会。蜗牛虽然不能像雄鹰一样飞到金字塔，但是它的坚韧照样可以带它看到更高的风景，而我始终相信，在绝望中寻找希望，人生终将赢得辉煌。

好在公司一直秉持服务至上的理念，我们还与多家优质的物流合作伙伴建立了长期稳定的合作关系，确保了我们的服务网络广泛覆盖，从而能够满足不同客户的需求。特别是随着几个高端品牌客户的服务需求，我们在全国各地拥有一批稳定的服务团队，包括司机、搬运师傅、安装的电工和木工师傅。我们帮客户解决了痛点，在当地安排工人替代了异地过去的工人师傅，为操作省下了工人师傅全国各地跑的差旅费，沟通的成本，大大地降低了客户的预算成本。新的安装搭建领域我们也能无缝连接，受到了客户的一致好评。而我们也因此吸引了一大批高端客户，比如一些高端奢侈品道具。如浪琴、宝格丽、香奈儿因为服务要求和货值都非常高，根据客户的需要对服务进行了升级，从原来的货物运输者，现在我们多了另一种身份——货物的搬运、安装搭建者。

物流行业的竞争是残酷的，但也是充满机遇的。我时常提醒自己，不忘初心，方得始终。每当夜深人静时，我总会回想起那个阳光明媚的下午，那个让我决定投身物流行业的瞬间，那个“奇怪的男人”，那个关于物流的讲座，那个让我心中燃起梦想火花的瞬间。

03 星辰大海，梦之所及

随着梦想的羽翼渐丰，我站在新的起点上，凝视着“上海冠佳物流有限公司”的未来。我知道前面的路一定充满各种挑战，但是这些都无法阻止我继续前行。人能一辈子做一件事，我觉得也是特别有意义的。我想把公司塑造成一个既稳健又充满竞争力的物流品牌。这个品牌，不仅要成为客户心中的首选，更要在高奢侈品道具的商场配送与安装服务领域，树立起行业的标杆。我深知，要实现这一愿景，需要的不仅是一腔热血，更是深思熟虑的策略和行动。未来的发展不仅关乎服务质量的提升，更关乎如何将精细化管理与服务理念转化为我们的核心竞争优势。通过优化内部流程，提高操作效率，减少不必要的成本，从而为客户提供更有竞争力的价格。

为了实现这一目标，我们还会建立一套完善的客户反馈机制，确保我们能够及时了解并满足客户的期望和需求。此外，开展团队建设，提升员工的专业技能和服务意识是物流企业的重中之重。一个团结协作的团队，是我们在激烈的市场竞争中立于不败之地的关键。在服务的每一个环节，我们都力求精益求精。从货物的接收、存储、运输到最终的配送，我们都有严格的操作标准和流程

我想未来物流服务必将是一场个性化的革命，一场以客户需求为导向的服务创新。我们会再接再厉，将深入挖掘每一位客户的独特需求，提供量身定制的物流解决方案，让每一次物流服务都成为客户满意的体验，让“上海冠佳物流有限公司”不仅仅是一个名字，更是一个值得信赖的伙伴，一个在市场中独树一帜的品牌形象。

如今，我依然在路上，依然在追梦。我走的每一步，都是对梦想的执着追求；我走的每一程，都是对卓越的不懈探索。在物流的海洋中，我将继续扬帆远航，书写属于自己的传奇。

培灵

如果运气不够，
那就多些勇气

心理咨询师、美国 NGH 高级催眠治疗师
财富幸福力教练
《安妮聊经济学》《商业模式创新设计大全》等专著译者
网络小说《情殇尼罗河》作者

我是培灵。

我曾经是一个妈宝女，一个恋爱脑女生，一个喜欢躺平的人。如今，我选择以新的身份，带着新的使命，重启人生，成为一名心理咨询师、经济学专著译者和小说作者。我是如何完成这一转变的呢？这背后的故事，就是我要在这篇文章里讲给大家听的。

01 折翼

“成功并非永久，失败也并非致命，最重要的是勇气。”

——温斯顿·丘吉尔

我出生在一个小县城，父亲是一名公务员，母亲是一名医生，儿时的生活安稳且快乐。如果硬要说有什么遗憾，可能是在我一岁半到五岁半的四年间，父母因为工作关系没办法与我一起生活。这段经历对我的人格形成有一定的负面影响，后面会讲到。学前的时光，我在爷爷奶奶家备受宠爱。上小学后，父亲转业，母亲调动工作，一家三口终于团聚。

孩童时期的我，开智较早，三岁多便认识3000多个汉字，并能够自主阅读唐诗和小人书。不到两岁时，随母亲在部队探亲的我，每晚都缠着她教我识字。识到三四百字时，“小神童”的名号就传开了，引得不少好奇的军人及其家属到家里来玩，随机挑选汉字考我，据说无一答错。

上幼儿园大班时，我就开始读《安徒生童话》这种纯文字的书了。这应该得益于爷爷对我的启蒙教育。从我一岁半开始，他就在废旧的报纸上用毛笔写下大大的楷书，慈爱地教我识字，一字一词，从未因为我读错而责备过我。

上小学后，父母工作繁忙，从不“鸡娃”。边玩边学的我，成绩也很好。小学三年级，我甚至拥有了一台游戏机。初中三年，我保持着年级前六的成绩，顺利考进省重点中学。又三年，高考成绩揭晓，我以全校文科第二的成绩考上北京师范大学当时最热门的专业之一——国际经济与贸易。

到了大学，我发现室友们才是真学霸，而我的高考分数是最低的。寝室其他同学获得奖学金时，我还在高数的及格线上挣扎。痛苦的学习过程让我开始问自己：为什么要选经济学？我到底喜欢什么？殊不知，我学业上的挫折才刚刚开始。

考研时，虽然其他学科的成绩名列前茅，但由于高数不及格拖了总分的后腿，我还是落榜了。不甘心和伤心之余，我还要面对找工作和落户北京的压力。畏首畏尾，消沉迷茫，在这种状态下，我随便找了一个英文教培的工作，开始朝九晚五的打工人生活，疲于应付各种象牙塔之外的人情世故。

当我拿到第一个月的工资时，我还是很开心地用四分之一的钱买了两箱书，摆在出租屋的小书架上。摸着书脊，我想起“泯然众人矣”的方仲永。为什么寒窗苦读十几年，我却越来越平庸？我到底想成为什么样的人？那时的我找不到答案。一个在金丝笼里长大的小鸟，飞不高也看不远，如何知道自己想要去的方向？

一天，我看到一则关于新媒体研究的文章，心中莫名一动，对互联网和文字的喜爱让我感觉这将是一个大有作为的领域。从经济学跨行到传媒，我想再搏一次。

距离考研只剩两个半月时，我辞去工作，买了教辅材料，开始准备清华大学新媒体专业的研究生考试。父母很支持我继续考研，但清华难度太大，他们建议我报考中国传媒大学。当时的我，对清华有种执念，打算全力以赴。这是我第一次完全由自己决定何去何从，甚至都没想过退路。

一转眼，考研的日子到了。这一次，我的专业课125分，总分365分，远超当年北京大学355分的分数线。然而，清华新媒体专业太热，录取分数线竟然高达367分。我以2分之差落榜。

02 离巢

“生活不是等待暴风雨过去，而是要学会在雨中跳舞。”

——海伦·凯勒

命运给你关上一扇门，也许就会打开一扇窗。

父母安慰我，表示只要我愿意，他们会继续支持我考研，生活费全包。可这次的失败居然没有让我一蹶不振，我反而看到了自己的实力：不到3个月，跨专业考试只差2分，这说明我是个学习能力很强的人。

没多久，一位在媒体工作的长辈听说我的英文是专业八级水平，便请我帮忙翻译她的纪录片英文采访稿。两个多月后，央媒社招，我一考即中，从此进入央媒成为一名小编。

接下来的10年，我逐渐从一个青涩的大学毕业生，成长为可以独当一面的编辑。工作之余，我完成了北京大学新闻与传播学院的在职研究生的学习，并且像大多数女孩一样，按部就班地恋爱、结婚，扮演着新的人生角色。

本以为，稳定的工作、中意的爱人，会让我的生活有一种细水长流的幸福。没想到我人格上的不完整，才是凶险的暗礁，猝不及防地给感情的扁舟一记重击，倾覆只在一念之间。

我特别爱猫。小时候，谁家有猫，我就恨不得住在谁家。工作后有了稳定的住处，我就开始养猫了。恋爱时，我养着一只名叫马尔斯的美国短毛猫，一只名叫哈迪斯的东方短毛猫；而他养着一只乖巧的拉布拉多。谈婚论嫁时，虽然我的猫和他的狗可以和平相处，我还是照顾对方的想法，分别给猫咪找了新家。

一年后的一天，我突然接到闺密的电话："哈迪斯生病了，快不行了！快过来！"我火速赶到她家，才知道小家伙得了传染性腹膜炎，已无力回天。它瘦得厉害，身体有点僵，眼神直直的……我俩抱着它什么话也说不出来，只知道哭。尽管我们利用互联网征集了好几只猫咪为它献血续命，但它还是走了。

“昨天晚上，我刚回家一会儿，它颤巍巍地走过来，用尽力气跳到我身上，过了几分钟自己又下去了，它怕尿失禁，把我身上弄脏。”闺密一边呜咽一边说。想起与哈迪斯相处的一幕幕，我几乎哭到窒息，它才三岁呀！

后来，我们把它带到京郊一座美丽的花园，葬在一棵柳树下。我默默流泪，满脑子在想：为什么我要送走我的猫？为什么我不能说出我真实的想法？为什么我这么害怕失去对方？在这段感情里，我是不是讨好型人格？这种内耗的痛苦只有自己知道。

“我到底要成为什么样的人？”多年前的那个问题又冒了出来。

哈迪斯的死，让我的灵魂在悲痛中觉醒。我意识到，儿时与父母隔断的那几年，让我缺乏安全感。表面上我爱情至上，实则是希望在亲密关系中获得全然的接纳和爱，这是内在小孩的需求，是一种索取，所以才会迷失了自我。

那一年，我鼓起勇气请了所有的年假，第一次一个人去了英国，整整12天，独自旅行。当我把注意力全部放在自己身上时，我感觉离那个答案越来越近了。

03 翱翔

“我没有什么特别的才能，我只是热情地好奇。”

——阿尔伯特·爱因斯坦

当你清晰了，世界就清晰了。

“我想成为一名达己成人的点灯人，成为那个也可以为别人撑伞的人。”——这个念头在英国之行的三年后，异常坚定。因为在我最灰暗的时候，一个朋友推荐了《秘密》这部电影给我。这部电影看待世界的视角，超出了我的认知。

原来，每个人都有足够的资源和潜能，去成为任何想成为的人。没有做不成的事，只有不愿意去做的事。

如何达成目标？我决定先从经济学专著笔译开始，做自己擅长的事。我找来两名优秀的伙伴，成立了“译生译世”工作室。

第一天比稿，我们就获得了独家翻译权，但一个意外使得到手的“鸭子”差点飞了！要不是我厚着脸皮（勇敢地）去争取，这件事肯定黄。

原来第二天，责编出尔反尔，通知我取消了我的翻译资格。再三追问，才知道另一个参加比稿的翻译公司实力强大，责编看中了他们，碍于先答应了我，便建议对方与我们共同翻译此书。但那个公司拒绝了，并且很强势地说服了责编取消了与我们的合作。

气愤之余，我冷静下来思考如何应对。擒贼先擒王！我鼓起勇气拨通出版公司总负责人的手机，简明扼要地讲述了经过。最后我说，“译者之间友好合作是您提倡的，可现在，我们在先中标的情况下同意与对方合作，他们却拒绝我们的好意，您觉得这种团队值得托付吗？”

虽然没抱希望，但这个电话确实让老总直接任命我们接手那本专著的独家翻译权。之后，我们又顺利合作出版了两本经济学专著。总算体会到了歌德那句话——“你若失掉了勇敢，你就会把一切失掉。”

译书让我意识到语言用起来才能进步。出于对英语和阅读的喜爱，我开办了一个英文阅读训练营，陪伴一百多名孩子从启蒙开始英文阅读，一干就是四年。这期间，我办了数十次公益讲座，收获了很多家长和孩子的信任。有的孩子从两岁半跟着我读，四年级就获得了初中二、三年级的阅读水平。

至此，我才明白：“成为什么样的人”，并不是一拍脑门想出来的，而是需要在实践中去沉淀自己的想法。近十年的时间，我终于确定了自己此生最大的热情是成为一名点灯人，用心理学、教育学、经济学、文学自助助人。

说干就干，只有勇敢地去行动才能治愈焦虑：2018年，我签约创世中文网，一年写出23万字的历史小说，且即将在微信读书、知乎等平台上架；2023年，我报考应用心理学研究生，且利用业余时间学习了高级催眠治疗师课程、高级阅读疗愈师课程，成功转型为心理咨询师。

持续行动，我不仅重获了信心，重建了自我，也收获了更好的关系。马克·吐温曾说：“勇气不是不感到害怕，而是即便害怕也依然前行。”这也是我想对读者朋友们说的话。愿你梦想成真！

徐亿亿

知行合一是
贴近理想人生的唯一捷径

多平台上稿作者
喜欢读书、看电影、运动和旅行
极简主义和终身成长的践行者

在生活的舞台上，我们每个人都是自己故事的主角。然而，很多时候，我们的故事被自己的犹豫和恐惧所束缚。我们害怕失败，害怕被评判，害怕走出舒适区。

人生在大多数的情况下，是选择了才有机会，相信了才有可能，行动了才有结果。然而，行动的勇气并非与生俱来，它需要我们克服内心的恐惧，战胜自我怀疑。

路虽远，行则将至；事虽难，做则必成。

01 想要改变，唯有行动

在大学毕业后的7年里，我一直在办公室做文职类工作，这个岗位虽说工作难度不是很大，但是薪资低、取代性很强、发展空间有限。

对于中小型公司的文职岗位，基本上行政、人事不分家，什么活都做。日常主要负责人员招聘、处理员工合同与社保、协调员工关系、档案管理、考勤管理、商务接待，还有各种文件的起草、审核、打印及传递，公司各种活动的安排、公司设备的维护，以及完成上级交代的其他工作等。

这些事情不难，但是很琐碎，我们时常称自己就是一个“打杂的”。在公司业务繁忙时，我们会忙得像小蜜蜂，一旦公司没业务了，把我们这类人“一脚踹开”是最省事的。

作为办公室文职从业者，我时常感到无力又无助，再努力也影响不了公司的运营业务，干得再好也难以提升公司的业绩。每天都忙忙碌碌，在年终汇报时却发现无事可汇报。

越做到最后，价值感越低。那个时候的我，连改变的想法都不敢有，因为我不知道我要干什么，我能干什么。就这样，我一边惆怅，一边日复一日地消磨时间。

直到我结婚生子，要回去休产假时，公司聘请了新人来接替我。此时，我才有了很强的危机感，但是又能怎么办呢？近几年，我除了焦虑之外，根本就没有去提升自己。

在家休产假的那段时间，家里的一地鸡毛和对未来职业的迷茫，让人很是崩溃。我几度怀疑自己得了产后抑郁症，那一段时间也是我人生非常灰暗的时刻。

就在这时，我得知公司的就业部门招人，我有点想试试，但是我很害怕，不知道自己能不能胜任。在家思前想后，找要好的同事反复讨论，最终，在同事的鼓励下我打算跨出这艰难的一步。

不要站在原地想象这件事是如何的困难，行动永远是改变现状的最佳方法。我鼓起勇气，向公司提出了转岗申请，这种机会之前不是没有，只不过在你没有退路时，你才会看见它，才会想要抓住它。

结果就是公司领导一致同意，并鼓励我要敢于向更好的岗位发展。新岗位薪资待遇不错，还会让人更有价值感，但是也将让我面临着更大的挑战。我必须突破自己的致命短板，才能胜任这个岗位。

此时的我没有多想，正如雷军所说："我面对所有困难的时候，我都是一往无前，先干了再说。"对，行动才是治愈的良药，而犹豫不决将不断滋生恐惧。

最后，我在产假还没休完的情况下，就提前去公司报道了。

之前的7年我想得太多，行动得太少，与其站在原地想"万一不行怎么办，方向错了怎么办，我不会怎么办"，不如去行动。想要就去试，不会就去学。过度思考，对实现目标一点帮助都没有。

面对人生的十字路口，若想要改变，就千万不要犹豫，先去做，再做好。

02 克服恐惧，唯有行动

只有勇敢开始，才能知道自己的潜力到底有多大。

我到了新的部门，正如上文所说，遇到了更大的挑战和困难。我们公司是一家IT培训机构，主要负责培训软件开发人才，然后将他们输送到各个企业。

新部门的岗位职责就是负责学生的就业指导和推荐工作。其中，就业指导需要给学生们上课，这是我一直以来最为担心的事，这个对有些人来说可能轻而易举，但对我来说难度系数相当大。

我性格不算内向，但有一个非常致命的弱点，就是在人多的时候发言或者与领导说话时容易紧张，会脸红心跳、喉咙发紧、声音发颤，严重时说话还带着哭腔。就算公司开个晨会，我都不能坦然发言，就更不要说在几十人面前上课了。

我很讨厌这样的自己，很羡慕那种无论什么场合都能从容不迫、说话落落大方的人。

我不知道要如何克服这样的恐惧，才能自信大方地站在讲台上，这是我申请转岗后十分焦虑的地方。

但我一想到从前的那种价值感低、取代性强的工作，内心还是忍不住燃起强烈要改变的欲望。我知道所有漂亮的结果都是在行动中收获的，我们不需要很厉害才开始，可我们需要开始才能变得很厉害。

接下来，我开始根据领导给的材料，再结合自己多年的工作经验写教案，我还清晰地记得那些天，我一下班就在家试讲，试讲对象就是我婆婆和几个月大的娃。看着他们，我的动力仿佛再次被激发，于是更加努力备课。

即便我试讲了一次又一次，但在我上完第一次课时，还是被学生吐槽“生硬”“好像在照着稿子读”等。说实话，我当时一点也不生气，还暗暗给自己鼓了掌，我觉得自己很棒，终于突破了内心的障碍。

我相信这是我人生中非常重要的一个转折点。

稻盛和夫曾说：“当你竭尽全力时，神灵将会现身。”要说第一次上课出现了事故，那么第二次、第三次我居然开始游刃有余了，我简直不敢相信。所以，千万不要低估自己的潜能，我们永远比自己想象的要更加强大。

这次的改变对于我整个人生来说意义非凡。现在的我，在给学生上课时会眉飞色舞、滔滔不绝，但是在某些场合发言或者开讲座仍旧会紧张到不行，但是我不会自卑，更加不会讨厌自己。因为尺有所短，寸有所长，我相信我会用行动去一点一点改变自己。

正如梁永安所说："行动有一个特点，它是天然地有创造性。"每一次行动，无论大小，都在塑造我们的未来，影响着接下来的人生。

03 实现梦想，唯有行动

在人生的漫漫长河中，总会遇到各种各样的事，时而风时而雨，时而阴时而晴，但正是这些经历塑造了我们别样的人生。

2020年，那场突如其来的新冠疫情，让许多人开始重新审视自己的生活，包括我自己。在那段被迫"慢下来"的日子里，我得以深入内心，探索那些被日常琐碎掩盖的渴望与梦想。

我思考着如何拓展自己，除了本职工作，我还能做什么？当危机来临时，我有没有B计划？最终，我找到写作这个梦想。

起初，我对"写作"二字充满敬畏，认为那是专属文学大师的领地，而我，只是一个普通得不能再普通的追梦者。但正是这份对未知的渴望，驱使我跨出了勇敢的一步，报名参加了写作课程。

新冠疫情严峻的那段时间，当别人在抱怨、吐槽、感慨时，我却忙于听课、码字和投稿。从此，我的生活便与文字紧密相连。

我开始将写作定义为我的梦想，即使没有人阅读、没有收入，我也会坚持写下去。

要说前面小半段人生都不知道自己想要干什么的我，现在也是一个有梦想的人了。说到梦想，我脑海里想到的是凌晨4点敲打键盘的声音，是深夜台灯的亮光，是掀开被子起床的果断，是和娃躲猫猫时藏在窗帘后用手机码的字，是家人虽不理解但仍默默对我的支持。

在无数个日夜的努力中，我逐渐明白，梦想并非遥不可及，它需要我们用实际行动去浇灌，去呵护。

在我日复一日的笔耕不辍下，写作终于给我带来了正向反馈。从最初的青涩尝试到后来的逐渐成熟，从无人问津到获得认可，每一次进步都凝聚着汗水与泪水。先是两篇影评在今日头条上获得“青云计划”的认可，再到多平台发表近100篇文章，每一步都印证了行动的力量。

2024年，我开始日更公众号，从几百粉丝增长到几万粉丝，这些看似微不足道的成就，却是我心中最宝贵的财富。它不仅证明了我的努力没有白费，更坚定了我继续前行的决心。

在经济下行的大环境下，当许多人感到迷茫和无助时，我更加珍惜这份来之不易的坚持。我深知，是写作给了我方向和力量，让我在不确定的世界中找到属于自己的位置。它让我明白，无论外界如何变化，只要心中有梦，脚下就有路。

梦想的实现从不是一蹴而就的，它需要我们付出时间、精力和汗水，更需要我们持续不断地行动。只有坚持行动，才能在追梦的路上越走越远，收获属于自己的风景。

在人生的各个阶段，当你有一个想法、一个决定、一个梦想时，请不要犹豫，不要等待，立刻去做，让自己的行动成为实现梦想的阶梯。

在这个瞬息万变的世界里，我们每个人都是自己命运的舵手。请把行动交给现在，把结果交给时间，你会发现，生活原来可以如此精彩，自己原来可以如此出色。

行动吧！立刻！马上！

徐开闻

通向自我的旅程布满荆棘，行动的脚步永不停歇

90 后

孕期被录取为纽约大学社会工作研究生

亚利桑那州立大学心理学研究生在读

外企 500 强企业资深高管助理 10 余年

幽幽的灯光，深深的走廊，紧闭的门窗。

当差两个月满18周岁的我醒来后赫然发现，自己的四肢被五花大绑在一张病床上，手脚越挣扎越觉得疼，不禁大叫救命。在一边休憩的中年护工因这中气十足的喊声而惊醒了。几秒钟后，身着一袭白衣的护士跑了过来，压低音量道："再叫就给你打镇定了。"

…………

这，不是影视剧，而是我的亲身经历。那么，我是怎样从一个病人，成为成功人士的呢？

01 行动派也有苦恼

我一直认为自己是一个不折不扣的行动派。

22岁，自觉日企工作太枯燥的我，两个月获得语言成绩，申请到澳大利亚打工度假签证，即刻赴澳开启间隔年；

23岁，我决定回国发展工作。当然，这也缘于我在海外期间就积极与他人保持联系，有的人成了我的贵人，这让我刚回国马上就入职一家500强之一的外企；

28岁，我申请亚利桑那州立大学心理学研究生，一周内高效完成所有申请材料，拿到无条件录取通知书；

29岁，恋爱8个月后领证，并于之后办婚礼——我们自恋爱至今恩爱不减；

30岁，处在孕期的我决定再次申请纽约大学研究生。3个月时间写完英文的个人陈述材料、出英文成绩单认证、考托福、跨时区联系在国外的3个推荐人写推荐信……最后拿到了含奖学金录取通知书……

你或许会说："开闻，你真勇敢！太有勇气了！太佩服你的行动力了！"

可生活毕竟不是连续剧，一个念头的产生并不能成为逆袭的开始。大家可以看看之前的我是什么样的。

我刚成年时，也会产生一些念头，有时就因为看到有可行性，便会靠着一股冲劲和一鼓作气的意志力，集中精力克服万难，让这颗"种子"生根发芽，只为能尽快收获果实。这确实是一种难能可贵的勇气，但这同样也是一种执念。而这种执念险些让我崩溃，甚至丧命。

15岁，我的同班同学打篮球心源性心脏病猝死，作为班长的我主动要求做一些事情，于是我作为代表被安排去同学家中悼念慰问。其实当时我已大受刺激和惊吓，但还要强装镇静，继续激励同学们努力学习。那时，我还需要用手机处理一些事情，连续忙了10个昼夜，每晚几乎就睡十几分钟。我坚持不住了，失去意识后醒来便是在精神卫生中心住院部的病床上。

18岁上大学，我经精神卫生中心诊断有双相情感障碍、抑郁症、焦虑症、惊恐发作、精神分裂症等，服用精神类药物期间增重

40斤，在学校一度因受到排挤感到自卑，导致精神崩溃。

22岁，为毕业后不受歧视，我找工作刻意隐藏“病史”，可有时也会因体重问题而受到歧视……

问题不解决，就永远是问题。意识到自己不能再这样下去，我用行动克服了这些困难，这才有了大家眼中现在的我。

获得认可的行动力，一般都与行动后的成果直接相关。“想要”和“得到”中间还有两个字——做到。房琪说，只有强者，才有资格把过往的丢脸经历和挫败变成当下的励志故事，甚至是茶余饭后的谈资。试想，我若没有拿到澳大利亚打工度假签证，没有入职500强外企，没有有效经营的婚恋关系，没有成功申请到美国一流大学研究生，只是一个敏感自卑、对生活没有希望、自暴自弃的胖姑娘，你还会觉得我那行动的勇气是值得一提的吗？

有勇气的人，不是不害怕，而是带着害怕和焦虑，依然去做。如果你什么都不做，你的焦虑将一文不值。

有勇气的人是不可多得的，他们总是引领世界，显现惊心动魄的力量，唯一不足的是他们跟“鲁莽者”的界限模糊。

正因我是个行动派，所以我会凭借憋着一口“千万不能输”的气，把自己逼得太紧，像是要死命抓住一把风中的沙子。我的闺蜜曾打趣地对我说：“有的人不撞南墙不回头，你怎么似乎撞了南天门也不回头？”

然而，我们都知道越是紧握的沙越抓不住的道理。尽管希望被平等对待，尽管不断正视和了解自我，尽管不为自己的人生设限，但在通往成功的这条道路上，依旧布满荆棘。曾经的我除非自己选择趴下，不然谁也别想将我击溃。而现在的我渐渐发现：

成功是“越走越近”，而不是“千万不能输”。

02 成长不是向上，而是向脚下看

由于遇到同班同学猝死的应激事件，我从一个懵懂的高中生，逐渐对心理学、社会学产生了兴趣。通过合作了十几年的资深心理咨询师，跟随心理学专家学者们的脚步，我前后参与了16个工作坊，本科第二专业也选择了华东师范大学应用心理学。交换生期间，我前往德国美茵茨大学研修的项目也是“心理学与法律”，尤其对临终关怀方面格外留意，并且我还研习了市面上与生命教育相关的绘本。

2024年5月初，在发现上海纽约大学社会工作硕士项目与纽约大学Silver社会工作学院，将于2024年暑期在上海纽约大学新校区举办“姑息治疗与临终关怀（PELC）”证书课程的正式通知后，我毫不犹豫地第一时间递交了申请，几周后便获得了积极的回复。由于我属于非专业社会人士，课程优先在现有工作岗位上录取能够从该证书课程中获益最多的申请人，但同时欢迎我以今年的学费，继续参与和加入明年同期的同一项目。

冥冥之中似乎有一只无形的手，早就为我默默安排好了一切。

而这一切成就，都是因为我早已做好了准备。我没有盲目追求远处的东西，而是行动起来，向脚下看，脚踏实地地做好现在能做的每件事。

如果想中彩票，首先得去买一张彩票；如果想按顺序数到一百，首先得从一二三开始；

如果想获得成功，首先要做的，就是行动起来。

任何主动的行为改变，第一步都是认知的改变。

曾经的我，想到什么，就会立刻着手去做，且会抱着“千万不能输”的意念，为争一口气；现在的我，会保留自己的勇气和坚韧，逐渐建立自己坚定的信念，不再执着纠结于结果，而是为自己的努力而欣喜，学着多去自我肯定和认同。

对世界的好奇和热情，对困难和挫折的认清不妥协，永不放弃对自我成长的追求，逐渐变成了我生命的底色。就像罗振宇说的，“成长不是向上，一路向空无一物的天空伸展自己的过程；成长是向下，向脚下看，把自己坚信不疑的那些道理和概念，从泥土里拔出来看看，看到它的底座的过程。”

我们永远都有选择的权利，任何时候的行动和改变都不晚。你不能决定天下不下雨，但你始终可以决定自己带不带伞。只有真正做到为自己的全部选择而负责，才能真正获得有掌控感的人生。

03 行动的勇气，选择的智慧

在不断地受挫再成功爬起来的过程中，我积累了大量的勇气，收获了巨大的自信，更清楚自己的能力边界，也拥有更多捍卫自己权益的武器和智慧。

2022年，上海因疫情封城期间，我看到了不一样的世间百态、人情冷暖。

尽管自己做了很多事：3月28日浦东封控第一天，驾私家车送孕妇去医院做检查；在沪上公益心理组织“一杯咖啡”翻译疫情心理相关文章；帮居委会出社区日报，坚持出了40多期……但在听闻辱骂志愿者，甚至让志愿者下跪等骇人事件后，我也着实很愤怒，试过口诛笔伐那些人，自己的内心很难平复下来。为了重获内心平衡的秩序和平静，我通过正念冥想，关注自身，大大减少了外界干扰影响，同时我继续做力所能及的服务，并在“2023年企业志愿服务节”中被评选为“年度优秀企业志愿者”。

我会教会我的孩子，运用智慧适当地表达愤怒。当你有多种多样应对姿态的时候，选择权就会掌握在自己的手中。

这当然不叫妥协，这叫有选择的智慧。

我没有办法去阻止周围诸多事情的改变，也没办法阻止很多人的离开以及很多情感的变迁，但唯一不变的是自己的勇气和逐渐沉淀积攒下来的能力。

这份勇气，来源于自己反复积累的自信和底气，这早已成为自己生命的底色和实力。

很多人会以为，一个人越自信就越容易成功，其实是成功的经验积攒了自信，提高了自我效能感。一个未经世事却盲目自信，觉得自己可以干翻天地的人，自我效能感虽然很高，但也只是空中楼阁，容易因为预期和结果相差太大，而遭到巨大的打击，让效能感骤然跌入谷底。比起空喊口号、放狠话，告诉自己“这次一定能行”，不如获得一次次小的成功，这样验证后的效能感会更加持久稳定。比如“去健身房待10分钟”“读一个章节书的内容”。有意识地积累一点“完成感”。只有试着去认可这些微不足道的努力的价值，它的完成才会有效增加自我效能感。

人生真正的学校是社会。社会对任何人而言都是新的。学历只能证明你为学业付出了多少金钱和精力。证明你学到了什么，才可以改变什么。我们要做的，是随时准备学更多知识，保持热情、乐观以及永不放弃自己的信念。

从当初刚烈、倔强、任性的小姑娘，变成灵活、有弹性、有能力、有持续饱满热情、有助人精神且永不放弃的女士，我确实经历了一番刻骨铭心的事情。既然上天让我们遇到困苦和疾病，也一定赐予了我们战胜它们的智慧和勇气。

人生的很多限制，其实都是我们给自己设下的。这样的限制会影响我们发挥自身潜能。

保罗·麦尔曾说："你所清楚预见的、热切渴望的、真诚追求的、全心全意争取的，都会自然而然地实现。"

愿你也在不断前行的道路上，不但有行动的勇气，更有选择和应对的智慧。

杨春兰

40 岁失业，我再出发

青少年演讲、写作教练

公众号“春兰读书演讲”主理人

2023年9月最后一个工作日，当天下班时间到了，和交接的同事确认工作所有资料全部交接清楚后，我把笔记本电脑合上，把数据线、鼠标放进电脑包，最后把个人物品都放进手提袋。随手关了所在办公区域的灯和空调之后，我走出公司大门，打开手机叫了一辆的士。今天东西多了一点，不挤地铁了。第二天就是国庆长假，假期结束后，我再也不用来公司了。虽然我的脑海中，时常会闪过失去这份工作的画面，也曾经畅想过万一哪天失业了，我一定要去做自己热爱的事业。但是真的到了“下岗”这一天，我坐在出租车里，随着车身的晃动，我扭过头，侧着身，看着公司所在的那栋写字楼，在灯光摇曳中，变得越来越小，直到变成一个模糊的影子。我转过头，继续看着车窗外的前方，视线模糊起来：我的下一份工作会是什么？我未来奋斗的战场会在哪里？

01 40岁，找不到想要的工作了

失业后的第一个国庆长假，我带着孩子们回了趟老家，让老人们享受承欢膝下的天伦之乐，还留出2天去了一趟一直想去但没有时间去的旅游景点。如果不是因为孩子们要上学，我会去旅行一段时间，尽情感受自由的气息。做家务带孩子两三个月后，不上班的放松状态，慢慢地变得有点紧张了。时不时冒出一个念头：要不还是尽快找个工作吧，只要喜欢，热爱就行。

我用了一个下午的时间，整理好最近12年的两份工作经历、经验和价值，当天就在招聘平台上投出了简历，去应聘某平台合伙人、培训主管，一周后，查无音讯。这期间也收到过某人寿公司、某财富公司的面试通知。奔着了解行情的目标，我前去面试，由于保险销售岗、募资岗这类岗位不在我的计划中，都果断谢绝了。

我继续又投了20多份简历，都是我想要去的培训岗、管理岗，但是都石沉大海。这时主动联系我的除了保险公司、财富管理公司，还新增了医美公司。没有接到任何一个自己想去的公司和想要的工作岗位面试，多年的管理工作让我很清楚，40岁找工作，与20岁、30岁找工作的不同之处在于，40岁不太可能通过网上投简历的方式找到工作，主要是通过猎头和熟人介绍。我既无亮眼的个人IP和学历背景，又无大厂管理工作经历，被猎头主动联系的概率很低。熟人介绍才是我找到合适工作的最高效渠道。

我是否要走出去，主动联系以前公司认识的合作伙伴、公司股东、公司客户，去主动询问他们是否正在招聘？就在我犹豫不决是否要主动联系的时候，关系比较好的前上司突然找到我，她刚加入一家处于业务快速发展的企业，正在招兵买马。前上司向我抛出了橄榄枝，并引荐我给老板直接面试。尽管行业匹配度不是很高，得益于前上司的保举，第一轮面试勉强通过，但是被告知我的工作要常常出差，负责与客户谈判合作，签订合同。工作出差难以兼顾孩子，考虑到40岁求职困难，有一份工作就已实属不易的心态，我参加了复试。

还记得那天，刚好碰上老板和合作伙伴洽谈工作，我可以旁听以便快速参与工作。我坐在会议室的沙发上，一边仔细听着他们洽谈具体工作：合同要怎么签，要如何与客户谈费用，下一步工作要如何开展……一边心却不断往下沉，心里有个声音一直在发问：这是你想要的工作状态吗？是你未来要热切投身的领域吗？

复试结束走在回家的路上，我的脑海中一直循环近12年，在两家企业中不知疲倦、满腔热血的工作场景：老板指哪打哪、领导下发任务保证完成、加班加点也义无反顾、付出一切交付结果、新接的工作不会做就现学现干……我毫无保留地把所有的精力、热情和时间投入每一个工作任务中、每一次方案策划执行上、每一次合作谈判上。可每次在不惧工作高压、准备迎接新的上升期、获得再次升职加薪的时候，职业发展之路总是戛然而止。如果我继续找一份新的工作，过不了几年，仍然会再次面临被优化的窘境。我不想再重新来一遍闭眼都能想到终点的工作路径。

02 40岁，不找工作上班，还有什么出路

尽管失去再次投身职场的动力，但是我对搞事业的热情却一点都没有少。我喜欢工作着的状态，因为工作能让我持续快速提升认

知，能让我发生高质量的改变，同时工作收入还能带给我底气和自由。

不再上班的每个早上，我会在孩子上学后，开心地穿上运动鞋，换上运动服，在家附近慢跑1~3公里。每当开跑起来，我就会和自己对话：

除了找一份工作，除了坐班上班，40岁的我，还有没有其他的挣钱出路？

我的下半生倾向哪种类型的工作？是坐班的形式？还是不受时间、地点影响能随时随地工作？

有没有可能创立一个小事业？是自己干，还是和别人一起干？

能不能为自己工作，为使命工作一辈子？自己的使命是什么？自己长期的热爱是什么？

我不禁回想起过去那些让我难以忘怀的场景，那些让我饱含热情的高光时刻，那些让我流下热泪的瞬间。从求学到参加工作，从家乡到深圳，从专员到管理层，几十年一路走来，我从未丧失对写作和演讲的热爱。即使40岁离开职场，回归家庭，我依旧参加演讲会、写作班等学习类的社群，我依旧每周写出一篇公众号文章。

困惑之中，我听到了来自“他们”的声音。

一位前辈姐姐说：“以前的你能在一家公司工作5年、6年，直到公司业务结束了、解散了你才离开。这并不是你以为的忠诚度高的原因，而是你不愿意离开舒适区。”

我的写作教练说：“过去的你，没有拿到你想要的事业结果，是因为你和大多数职场人一样，选择安全而稳定地度过。接下来，你还要继续追求安全和稳定吗，还是要勇敢地走困局？也许你能为当下部分失业的中年女性群体，探索出一条新的逆风翻盘路径。”

优势星球的指导老师说：“和你聊天的两个小时内，我发现你眼里有光的高光时刻，是你曾经站在讲台上、舞台上去分享的时候。不如你再试试和演讲、培训等相关的职业？”

这几位前辈和老师们的话语，在我耳边反反复复地响起，在脑海中盘旋，在心里面翻滚。

每次下笔总结时，我都会对自己说：

我喜欢站在讲台上去分享，我站在讲台上会不知疲倦；我喜欢站在讲台上去讲述，因为我能热情高涨；我爱极了用键盘敲打出一篇篇文章；我会因为写出一篇不错的文章兴奋得睡不着觉；我愿意帮助那些不够自信，但通过演讲来改变自己的人；我愿意帮助写作文困难的孩子，让他们不再为写一篇文章而烦恼和痛苦；我期待我写的文章能给读者一点启发；我期待我能出一本书，讲述因为演讲和写作改变自己，找到值得终身投入的事业，最终改变自己命运的故事；我希望自己是一名讲述者，能影响更多的人行动起来，改变起来。

就这样，在每天一边跑步一边自问自答的场景中，在每天写复盘总结的日记中，我梳理出了自己能做的一件件小事，反复去讲述，去写，去沟通。

03 40岁再出发

时间过得很快，又几个月过去了，我做了一些看似不太可能的但是真实地行动着的事情，还拿到了阶段性的结果：

报名写作心理课，每天练习写作，我跟随教练用心理学调整心智框架，提升知识工作的能力；

我加入第二个演讲平台坚持星球（10年前加入头马国际演讲会），每个月担任一位学员的陪伴老师，每天用1个小时去打磨演讲能力、打磨演讲教练的能力；

在写了7年的公众号上，我重新规划文章方向和选题，只用4个月的时间，写出了阅读量超过70000的文章，多篇超过1000阅读量的文章，粉丝从200涨到了3000；

我和社区党群服务中心合作，在暑假期间面向青少年开展公益演讲课、公益写作辅导课；

我和朋友一起创业，发起了教育项目……

就这样我再次出发了，写了一篇又一篇文章，辅导了一个又一个学员，讲了一节又一节课。

此刻，我仿佛看见了30年前站在讲台上参加朗诵比赛的那位小学生，20年前参加演讲比赛、担任校报主编的那位中学生，10年前因为学会演讲而走上一个个工作讲台的那位年轻女性。今天，这位已到中年的硬核女性又找到了新的舞台。

40岁失业，对我来说是一件可怕的无可奈何的事情，打破了我在职场上继续步步高升的计划，扰乱了上有老下有小的家庭所需经济支撑的秩序，轻而易举地就让我和我的家庭有了危机感。

40岁，也是我的一个承上启下的黄金阶段。我当下必须要练就一个个新的本事，把失业的不幸变成幸运的机会，把被市场无情抛弃的工作经验重新加以利用，转化为新的能与市场和谐共存的、为客户带去有用服务的价值。

我在洗刷锅碗瓢盆之余写文章的时候，我在教学员演讲和写作的时候，我在跑步中自我对话的时候，通过这一件件事情的落地，我的新的事业路径逐渐变得清晰，未来的方向不再模糊。

40岁再出发，我既有创事业的踌躇满志，也有未雨绸缪的风险应对。不管如何，我眼里的光又逐渐亮了，抬头看着前方，脚下的路已经一步一步走起来。

巴格格

哪怕只有 1% 的可能，也要行动

中国人民大学管理学学士 / 西安交通大学 MBA

驰骋世界 500 强企业 9 年

品牌营销工作 15 年经验

你还记得你18岁时的梦想吗？

在我18岁的时候，许下了几个绝无可能实现的梦想。

01 敢想、敢做，世界才会给你开路

那是一个星空璀璨的夜晚，18岁的我刚做完一套高考模拟卷，打开窗户，仰望星空，默默许下了青春的誓言：我想去北京上大学，参加2008年北京奥运会，我要读MBA，进外企，成为管理人才！

你敢相信吗？这是一个出身于偏远边疆小镇，从来没有出过省城的女孩许下的愿望！这些梦想听起来太过遥远，现在想来，我还真是有点不自量力，异想天开！

非常幸运的是，半年后，这个18岁的女孩，真的踏入了梦寐以求的北京高等学府，不仅追随内心热爱，学习了管理学和营销学专业，更荣幸地成为北京奥运会的一名志愿者，亲眼见证了历史性的辉煌时刻。随后的15年，踏入世界500强外企，还实现了读MBA的梦想。这让我想起一句话：梦想还是要有的，万一实现了呢？

回望来时路，那些曾经看似遥不可及的梦想，如今一一化作生命中最为宝贵的经历与成就。这些经历不仅丰富了我的人生，更让

我深刻体会到，是行动的勇气，让我跨越了重重障碍，将梦想一步步变为现实。

我的大学时光是在自卑中度过的。因为来自小城镇，过往人生经历相对局限，我在大学得了“不如别人症”，时常觉得自己无知且笨拙。

当一个人不能改变过去时，他该如何塑造未来？自卑的我只能通过疯狂学习、增加实践提升自己的能力。我积极参加各种校内社团，课余时间到校外做兼职，还很荣幸地被选中去中央电视台实习。大一时我报名学校朗诵比赛，结果在海选时就被刷下来了。不服输的我第二年继续报名，带着原创的诗歌，通过多次练习，还邀请老师给我辅导，最终，我取得了全校第二名的好成绩，收获的掌声和认可，增加了我的信心。

大三开始找工作，正面临全球金融危机，工作不好找，很多同学都选择了考研、考公、出国留学，而我知道，学习管理学和市场营销专业，必须要有企业实践经验，因此，我开始给企业投递简历，经历了数次被拒，投了近百份简历，参加多场笔试和面试，最终在几百名的竞争者中，拿到了世界500强外企的Offer。困难和竞争，有时不是为了让你退缩，而是让你证明，梦想对你的意义。

进入梦寐以求的外企，是激动人心的。看着办公室的白领都西装革履、妆容精致，偶尔还会点头互相打招呼，我心里无比地向往和开心。

初入职场，面临很多未知和挑战。第一天上班，领导让我调整

PPT中的图片大小，我连PPT是什么都没有听过；随着业务能力的提升，为做好一次营销活动，我协调各个部门、准备多种物资、处理各种突发状况，也有多次和团队一起熬夜，只为出色完成一个项目的经历……在外企工作的9年时间里，在公司领导的培养和引导下，我不断学习与实践，历练成为一名合格的职场人，我组织策划过上百场营销活动，负责过近千家门店零售运营管理，并且带领中国团队拿到了全球项目的第一名。

18岁的梦想给了我人生起步的勇气，给了我不怕失败的底气，更给了我一往无前的锐气。因为，只有你敢想、敢做，世界才会给你开路。

02 行动、坚持，让不可能变为可能

31岁的我成了一名母亲。孩子诞生后两个月，还在休产假的我，无意中看到MBA（工商管理硕士）的招生报考信息。我不禁自问：18岁时许下的梦想，如今还能实现吗？

作为新手妈妈，身体还在恢复期，每晚要给孩子喂奶，照顾孩子的日常起居，适应各种突发状况，这个过程消耗了我大量的精力和体力，时间变得碎片化，很难有足够的精力和时间投入高强度的学习和复习中，另外，刚成为父母的我们家庭支出骤增，研究生学费的来源也没有着落。

现实的困难让梦想变得黯淡无光。一个夜晚，我躺在床上问自己，如果这件事不做，会不会后悔？如果这件事做好了，会不会开心？如果都是的话，那就尽全力去做，不问结果。而我的答案都是肯定的，因此，我毅然决然地放下顾虑，心中产生一个念头：先全力以赴，考上研究生，至于后续，自有解决之道！

备考的岁月并不容易。多少个日夜，我左手温柔地抱着孩子喂奶，右手灵活地翻动着考研资料复习，时不时调整姿势记录下学习要点，一有闲暇，试卷便成了我形影不离的伴侣，每一笔每一画都倾注着对未来的深切渴望。

考试之日，上午的紧张氛围刚刚散去，我踏入一家静谧的餐厅，周围是匆匆用餐的考生身影。我悄然展开一场不为人知的仪式——手握吸奶器，在遮挡布后，给予自己一份母爱的温柔慰藉。随后，整理好心情，我再次踏上前往考场的路，这一幕，或许正是每位母亲在追梦路上不为人知的勇敢与坚持。

虽然梦想并非一定会实现，但那份炽热、渴望与坚定不移的信念却是不可或缺的。哪怕只有1%的可能，哪怕现实条件还没有完全具备，只要你愿意尝试，付诸行动，勇敢踏出一步，宇宙间万般力量将汇聚，为你的梦想与未来铺就辉煌之路！

最后，我顺利考上MBA，之后通过工作，把学费都赚了回来！MBA毕业时，我和老公、孩子一起参加毕业典礼，孩子的眼眸中闪烁着对我无尽的骄傲与崇拜之光。

路虽远，行则将至；事虽难，做则必成。很多时候，不是因为有希望才去坚持，而是因为坚持下去才会看到希望。

03 迷茫、质疑，在挫败中找寻自我价值

为了追求职业生涯的更高成就，我离开了世界500强外企，踏上了国有企业及前沿互联网企业多元化领域的探索之旅。尽管职场舞台有所转换，但我始终坚守在品牌管理与市场营销的专业道路上，不断深化专业知识，积累实战经验。

年近35岁之时，在公司担任中层管理者的我，遭遇了职场发展的瓶颈期。这个年龄段的职业女性，面临更多不易——职场中，是激烈的竞争和未知的挑战；家庭中，则是老人和子女的双重责任。站在人生的十字路口，是该重新完善职业规划，在现有领域绽放光彩，还是勇敢迈出舒适区，积极探索职业转型的无限可能，翻开人生新篇章？

在这段迷茫和彷徨的日子里，我尝试学习自媒体、短视频和直播，积极探索新时代的媒介和宣传渠道，也发现了很多机会。但是探索过程并非一帆风顺，我屡遭挫折，自信心也因此遭受重创。

那些无数个睡不着的夜晚，那些笨拙而缓慢的生长，会让岁月的沉淀变成美好的礼物，奖励行动中的勇者。

2022年我带孩子回老家看父母，未曾想因为新冠疫情，航班多次取消，在新疆滞留了5个多月。这段意外的时光，却成为我人生

蜕变的起点。

无法出门的时候，我开始学习跳绳。跳绳运动看似简单，但当你真正开始动起来，身体会先反抗：小腿酸、膝盖痛、被绳子抽打等种种不适接踵而至，让我倍感挫败。为了能稳定节奏不断进步，我制订了“100天跳绳计划”，并贴在墙上，时刻记录自己的进步，从100个开始跳，之后每天增加100个，循序渐进，逐步提升，一个月后，我的身体适应了运动节奏，后来可以一次跳6000多个，身体素质和意志有了很大提升。

新疆的冬天寒风凛冽，12月的气温更是降到−18℃，滴水成冰，一场酣畅淋漓的大雪过后，白雪皑皑。早晨6点多，我穿着羽绒服戴着帽子去户外跳绳，听着快节奏的音乐，呼吸着清新的空气，任凭汗水肆意挥洒，这一刻，所有的寒冷与束缚化作一股生命的力量，让心灵得到了彻底的释放。

5个月的时间，我不仅把体重减掉20斤，还从一名跳绳初学者，成为国家跳绳教练。截至目前，我已经坚持跳绳3年，每年跳绳100天左右。跳绳，已不仅仅是一项运动，它是我生活的一部分，是我挑战自我、超越极限的见证。

每一次跌倒都是向前的准备，每一次逆境都是蜕变的契机。当你扬起勇气的风帆，重新起航，光明和希望必将交织成绚烂的彩虹，引领你驶向一个更加美好的未来。

04 探索、期待，未来充满无限可能

回到西安，带着蜕变后的勇气和底气，我用心制订了自己的年度计划和行动清单，并和先生一起制订了未来5年的家庭愿景。18岁时的不设限、敢想敢做的自己又回来了！不一样的是，现在的我带着几分沉淀和成熟。

在担任公司高管的同时，业余时间我学习了社群运营、小红书运营及个人品牌打造等，并通过副业实践，探索更多的可能性，找到独立于工作角色外的新立足点。

著名心理学家卡尔·荣格说："每个人都有两次生命，第一次是活给别人看的，第二次是活给自己的，第二次生命常常从40岁开始。真正的人生从40岁才刚刚开始，在那之前，你只是在做调研而已。"

我时常思考，当18岁的梦想逐一实现，下一个阶段该追求什么目标？如果18岁的梦想是为了自我梦想实现，根植于自我，那么38岁的梦想，应该开始思考除了自我之外的世界。目标不是简单的我想要什么，而是我们为什么存在。这一次，我仰望星空，我不再许愿我想要什么，而是我可以为这个世界带来什么。

38岁的我，确定了自己的人生使命：凭借我在管理学与营销学领域的知识积累，融合职场十余载的实战经验，以及近十年对婚姻生活的深刻体悟，我致力于助力那些在自我认知探索、个人事业发展及婚姻关系经营中面临挑战的女性朋友。通过个性化指导，助力她们实现自我价值的飞跃、事业的稳步攀升以及婚姻生活的和谐美满，最终成为自由、丰盛、德才兼修的女性！

实践中一步步接近梦想是一件让人兴奋的事情，通过做个案咨询，成立轻创业工作室，组织线上读书陪伴社群、线下夫妻营等多种形式，我不断积累服务经验，收获客户口碑，不断向自己的人生使命迈进，当越来越多的人反馈，我帮助她们变成了更好的自己的时候，我充满了成就感和幸福感！

72岁的梅耶·马斯克（Maye Musk）在《人生由我》中说："千万别因为你是女性，你就随着年龄的增长而放慢脚步。现在的我就像一颗出膛的子弹一样在狂奔——探索一切，尽情享乐，比以往都要繁忙。"

哪怕只有1%的可能，也要行动。

因为我的未来充满可能性，你也是。

李健

与自己好好相处

家庭医生

全科医师

《读书会创始人》合著作者

《解码自控力：人生成功与幸福的秘密》联合出版人

在现代快节奏的生活中，我们常常忽略了与自己相处的时间，忽略了自然的美好。然而，通过插花和健身运动等方式，我找到了与自己、与自然、与家人朋友重新连接的方式。这是探索自己身体和内心的旅程，不仅让我学会了如何与自己好好相处，还让我感受到了自然力量和勇敢行动的重要性。

01 花艺与心灵之旅

一开始我对插花并不感兴趣，但在一位师兄的邀请下，我决定尝试一下。每周的学习，使我逐渐爱上了这门艺术。插花不仅让我学会了如何欣赏美，还教会了我如何在繁忙的生活中找到一片宁静的天地。每次小心翼翼地剪裁花枝，最终形成一个美丽的作品后，我心中都充满了欢喜。

在学习过程中，我对花的剪裁很是谨慎，舍不得剪掉任何部分。但老师告诉我们，插花正是为了展现花最美的姿态，要大胆地摘除不需要的部分。然而，有一次我不小心把一朵漂亮的花拦腰折断，老师又用铁丝帮我把这朵花支棱起来，并告诉我花材不能浪费，每朵花都有它的用处。

在学习西洋插花时，我们从基础的几何造型开始，要把花插得规整、有结构感。有时候作品要既对称又整齐，要花繁叶茂、颜色丰富。老师在指导大家插花时，除了确定主题方向外，还会对每个人的作品进行适当的微调，使每个作品都各具特点。

随着插花越来越熟练，我逐渐了解了各种花材的特性。老师的指导和同学的交流，使我提升得很快。有时候我会参加不同老师的教学课程，尝试插出不同的作品，感受插花的乐趣。

在另一个学期，我主动报名参加插花课程，学习中式插花和日式的池坊流插花技艺。用少量的花材，通过线条和形态的变化，让花材在花器中达到视觉和精神上的平衡。这种方式的插花更加需要静心、耐心和对自然的感悟。

在这一学期，我感受到了这种插花方式的挑战性，虽然难以在短时间内把造型调整得特别雅致，但也让我在学习过程中体会到了不一样的审美和感觉。此后，我经常购买和预订花材，在空余时间进行插花创作，逐渐熟悉各种花材和插花方式。

有一段时间，外婆身体不好，妈妈每周末轮值照顾外婆。我周末在职学习的压力很大，预订的花材也正逢周末到货。晚上，我一个人在家静静地插花，慢慢整理花卉，插成一瓶繁茂的作品。在插花过程中，我全神贯注，排除一切杂念，感受到了宁静和欢喜。

在插花的过程中，我想到正在照顾外婆的母亲非常辛劳，周末我应该去看看外婆。外婆有时候会不记得一些事情，但她总是记得我，会说鼓励我的话，这让我很感动。在纷繁的工作和学习中，静心接触花朵，让我更加重视家人、亲情和长辈的智慧。

02 健康减脂的家庭行动

有一段时间，我爸爸体重过重，血糖控制得不佳。朋友介绍了一种简单易行的减脂增肌方法，采用健康的饮食方式，每顿吃充足的蛋白质和丰富的果蔬，烹饪时少油少盐，搭配一定的补充营养品，来达到减脂的目的。

全家一起行动，妈妈精心烹饪营养丰富的饭菜，监督爸爸补充营养，少喝酒。爸爸很高兴能参加减脂比赛，奖品是平板电脑。爸爸说自己用不上平板电脑，但依然想要赢得平板电脑送给我。于是，全家人共同努力，90天周期，目标明确。尽管有时会松懈，但在妈妈的监督下，爸爸逐渐达到了减脂目标，血糖值也恢复了正常。

赢得奖励后，我们全家都很开心，介绍活动的朋友也很欣慰。通过全家人的共同努力，爸爸不仅减脂成功，更加健康，精神也更好了。

03 身体力行的健身之路

说起增肌运动，上班的时候有一位有经验的老师建议我去锻炼身体。当我走进健身房，便开始接触到很多不一样的人和事。健身私教有非同一般的耐心，指导锻炼、陪伴练习、关注饮食，为了身体的强健，拆解既定目标，分步计划并指导。

面对复杂的商业健身环境，能遇到愿意长期指导我锻炼的教练不容易。第一个长期带我的教练非常有担当，不仅专业能力强，指导到位，增肌效果也很明显。他注重锻炼前的热身和锻炼后的拉伸，甚至我在工作中遇到不顺心的事情时，他的几句良言提点都能让我瞬间舒畅。在这段一起配合的过程中，教练培养了我重要的健身运动习惯。

这位教练另谋高就后，另一位教练看到我在健身房非常努力地锻炼，主动接手指导我。他根据我的体能特点，制定了纯自重的基础练习，时不时增加一些新的流行技能尝试，如拳击、高强度间歇训练、平板支撑、靠墙倒立等，鼓励我培养兴趣。他亲自录制小视频示范日常锻炼，希望我能把锻炼融入平时的生活中。

有一次，他鼓励我在跑步机上多跑一会儿，于是我又坚持了一下，探索身体的感觉。根据教练的指导，时而加快速率，时而放慢速率。跑步时，我心无杂念，虽然身体在出汗，在向前奔跑，但身体并不十分劳累，也没有什么痛楚或不适，仿佛时间的流逝都不在话下，周遭也都可以忽略。这般难得的心流体验，使我的内心非常安稳。

教练行业人员流动频繁，此后我也换过很多教练。有的教练我印象不深，有时我也不愿意投入太多注意。现在带我的教练对我非常用心，我们相处得非常融洽。有时候做某些动作的时候，我会突然想起第一次带我做这个动作的是哪位教练在哪里教我的。当时的画面场景都会闪现在我眼前。

通过插花、减脂增肌和健身，我不仅学会了如何与自己好好相处，更深刻地感受到了自然的力量。这些经历不仅丰富了我的生活，也让我在忙碌的工作和学习中找到了一片宁静的天地。插花让我学会了欣赏美，而减脂和健身则让我体会到家庭的支持和身体力行的重要性。

这些经历教会我，勇敢地迈出第一步，尝试新的事物，往往会带来意想不到的收获。无论是插花时精神的专注，还是全家人为减脂付出的努力，抑或是健身时思想的集中，都让我更加珍惜生活中的每一个瞬间。

希望更多人能勇敢行动，去探索和发现生活中的美好。无论遇到什么挑战，只要我们勇敢面对，积极行动，就一定能找到属于自己的那份宁静与幸福。

李春红

勇敢改变，遇见更美好的自己

点灯读书创始人

黑天鹅小而美商学园主理人

丑小鸭图书公益项目发起人

提笔写这篇文章时，我的人生已经过了33载，来时的路上充满了曲折。艰苦求学16年，毕业后求职无门，独自南下历经千难进入上市公司。结婚怀孕后定居四线小城市，重新失业，东拼西凑筹钱开始创业！经历二十多次大大小小的尝试，勇敢自救，成长破局，实现千万营业额，而后走上终身成长的道路！

历经坎坷不再追着风口走，将自己归零，重新走上觉醒之路。我深知翻过这座山，也不一定一马平川。谁的人生不迷茫呢？只要内心有信仰、有目标，终身学习，勇敢行动，就一定会修炼出逢山开路、遇水架桥的能力，去自己想去的地方，不负此生！

01 主动为自己创造机会

“不要等待机会，要主动创造机会，你的行动将决定你的未来。”在艰苦条件下求学16年，想要改变命运，毕业后却发现找不到工作。迷茫无助，最后勇敢地独自踏上南下的列车，主动寻找机会，成功进入上市公司。

贫苦地区农村孩子的学习之路，总是背负着更大的使命。我出生在鄂西一个偏远的山村，父母的信念是，砸锅卖铁也要供我上大学，这样才能改变命运。十多年的东拼西凑，父母竭尽全力，我也攒着一股改变命运的劲头，结束了16年的学习生涯。

然而大学毕业，现实却给了我当头一棒。毕业时早已过了分配工作的年代，武汉遍地都是大学生，工作岗位紧张，男同学和本地户口的大学生优先找到了工作。另一个现实是，武汉的工作待遇低，但消费水平高，离我想的改变命运相差甚远。

拿着简历穿梭在武汉大大小小的招聘会，一天天地挤着公交早出晚归，投的简历石沉大海，没有音讯，毕业离校之前工作都没有着落。

当时，我甚至觉得自己十多年的书都白读了。工作没有着落，无颜面对父母。毕业了没有去处，慌了神。背着同学悄悄地擦眼泪。冷静下来后对自己说："弱者才会抱怨社会的不公，强者总在主动寻找和创造机会。"

收拾行李，跨越千里从武汉独自南下深圳，一夜颠簸，出了火车站，一刻也没停留，像个独闯江湖的女侠，拖着行李箱直奔人才市场。

通过层层筛选，最终进入了一家上市的园林公司负责项目会计工作，工作待遇是武汉的两倍左右，在2013年一个月有8000块的收入。

谁的人生不迷茫呢？世界是属于勇敢者的，主动为自己创造机会，未来才会有更多的可能！

02 从迷茫无助到突破千万销售额

埃隆·马斯克说："如果你害怕失败，那你将一事无成，因为最大的失败是不敢尝试。"越是迷茫、焦虑的时候，越要勇敢地去尝试，这样才会找到突破口。

结婚生子是大多数女人都需要跨过的一道坎，婚姻成了很多女性的人生分水岭。有人成了家庭主妇、全职妈妈，有人开始在工作、孩子、老公、婆媳关系中打转。

我在工作岗位上遇到了我先生，两年后结婚怀孕，回到湖南永州定居。辞去深圳上市公司的财务工作，四线城市的孕妇决定开始创业。

没有资金，没有经验，迷茫中不知从何下手，东拼西凑借了十多万起步，从实体到线上，从永州转战到长沙，开过咖啡店，做过学生食堂，卖过鲜奶，跑过保险，当过汽车教练，摆过地摊……算起来，两个人经历了28次尝试！

起起伏伏，或亏或赚，一直在寻找自己的热爱在哪里，什么才是我们可以为之奋斗一生的事业。我们一直在不断调整方向。

2022年初，我们遇到了创业路上最艰难的时刻！老公参与的园林工程项目破产，账款收不回来，我们陷入了严重的债务危机，催款电话一个接一个打到我这里。

老公在外地追款，我一个人在长沙，要照顾孩子、承担家务，还有大大小小的支出。忙完一整天没力气做饭，带孩子到楼下夜市买一个5块钱的煎饼，居然显示信用卡额度不够。瞬间体会到万箭穿心的痛感。

债务危机，严峻的环境，事业的不确定性，让我们陷入了深深的迷雾，不知下一步该如何去走。

我对老公说："我们不懒又不傻，而且愿意学习，心地善良，又没有坏心思，没什么好伤心的，一路往前走，大胆地去尝试，我相信成功只是时间问题。"

无法改变客观的条件，就先改变自己！在做好手头工作的同时，我们开始早起读书、运动，为自己蓄力。在朋友的推荐下，我们读了采铜的《精进》、稻盛和夫的《干法》等书。

我们按照书中分享的方法，开始分析自己的优势和技能，并且提醒自己要付出不亚于任何人的努力。

2022年4月，我们做出了全力以赴，进入抖音做玩具带货的决定。

两个人疯狂学习，废寝忘食地做笔记、学习对标账号。最终视频一经上传便获得了大量关注，第一次直播，销售额6221元。儿童节迎来了第一次小高峰，月收益12万左右。春节期间，做到了近百万的销售额。

接下来两年的时间，我和老公两个人开始培养自己的直播团队，从做自己的账号到亲自带领几十位学员一起经营。从抖音发展到视频号、快手、小红书，多平台运营，带领团队实现了千万销售额的突破，迎来了创业过程中的重要转折！

经过我的辅导，学员普遍做到了一个月几千、上万的销售额。优秀的学员甚至实现了百万销售额的突破！部分学员在工作的同时，也开始读书和运动，收获了身心的成长！

03 做对三件事，告别迷茫和焦虑

爱因斯坦说：“智慧不是年龄的产物，而是经验的积累加上对经验的深刻反思。”从迷茫无助到突破千万销售额，我开始总结自己过往的经历。

过去之所以会遭受挫败，皆因认知不够。在时代的洪流里，唯一不变的就是变化。一定要树立起终身成长的观念。人生的下半场，要把自己重新活一遍，并且帮助更多和我们一样，曾经迷茫无助的同路人，找到拨开迷雾的抓手。

亚里士多德说：“我们日复一日做的事情，决定了我们是怎样的人。因此所谓卓越，指的并不是行为，而是习惯。”每天早起读书和运动，让我走出了迷茫和焦虑。

读书是解决大部分问题的方法。每天早起读书，在跑步的过程中听书。针对自己当下的问题，进行主题阅读。重新搭建自己的知识体系，并结合现实生活和工作，写读书思考。

作为读书的受益者，我开始推广阅读。一方面创立自己的读书会，读书讲书，和大家一起把所学落实到行动中，去改变生活。另一方面，设立写书的目标，于是有了这一次的写作。

同时，我开始发起读书相关的公益活动。给家乡小学的孩子建立校园读书角。给自己孩子所在的学校捐赠供老师阅读的书籍，送书给孩子们开展图书漂流活动。

读书让我的人生逐渐清晰。经历了从工作到创业的起起落落，我终于找到了自己喜欢且擅长，于自己和社会都有价值，可以为之奋斗终身的事业！

跑步听书时接触到四点起床的时间管理方法，于是我开始早睡早起。最近一年，我晚上十点以前就睡觉，早上四点起床。

这样的习惯，让我不仅能有对孩子睡前的亲子陪伴，拥有充足的睡眠，还能在家人起床前，拥有三小时完全不被打扰的个人时光，让我有充足的时间读书，处理当日要务和运动。

坚持早起跑步，帮我缓解了很多的焦虑情绪。在跑步的过程中，享受运动带来的多巴胺分泌，锻炼了身体和心灵，并且迸发出来很多的灵感，跑着跑着很多问题就想出了答案。

如果你觉得生活不如意，有负面情绪，感到焦虑，那就去运动吧，最简单的就是跑步。也许跑一场马拉松，人生就会有不一样的突破。

詹姆斯·克利尔在《掌控习惯》一书中说道："习惯是复利的，就像金钱借助复利倍增一样，习惯的效果也会随着你不断地重复而倍增。"

穿过迷茫，我重新设计了自己的三年成长蓝图，制订了自己的学习计划、事业计划、健康计划、家庭陪伴计划和公益成长计划。活好自己，同时陪伴万名伙伴通过早起读书和运动的方式，告别迷茫，赶走焦虑。

勇敢的人先享受世界，先行动的人先改变现状。与正在阅读的你相遇是我的荣幸。人生的下半场，让我们一起把自己重新养一遍，去遇见那个未知而美好的自己！

青春

平凡生活里的英雄之旅

自媒体博主
热爱读书写作
专注个人成长

在生命的舞台上，我既是主角也是导演。海伦·凯勒曾说：“生活要么是一场大胆的冒险，要么什么都不是。”我选择了冒险，勇敢地跳出自己的舒适区。我不是英雄，也不是命运的宠儿，但我有勇气去追求我想要的生活。

我的故事，是关于如何在普通的日子里发现不平凡的意义，如何在面对困难时，勇敢地迈出改变的第一步的。

01 挑战自我：一位母亲的职场复苏

那是2015年3月，那时把宝宝带到1岁，心想着老公一个人挣钱养家太辛苦，就在我们市里找了份连锁面店的前台收银的工作。本来是想面试服务员来着，人家服务员招满了，只在招前台收银。一听说让我做前台收银，我心里直打退堂鼓——从怀孕到现在，我差不多有两年时间没上班，全身心都扑在孩子身上，都感觉跟社会脱节了一般。此外，我对电脑也是一窍不通，仅仅只有网吧上网的经验。那时候扫码支付还没普及，出门都是带现金的年代，收到假钱怎么办？还没开始干，就感觉一大堆的问题挤满了我的脑袋：怎么办？我干还是不干？内心里纠结极了。

这时候我突然想到了我的孩子。难道我的孩子将来遇到困难时我要跟他说让他知难而退吗？为了孩子我也要勇敢一点，不就是收个银吗？我这样想着，心里似乎比以前更有勇气了。于是，我做了收银员。

初入职，带我熟悉工作的是一个比我大几岁的姐姐，她在这边干收银有一年多了。

店里大概有三十多种面，每碗面的口味都不一样，客人点餐的时候每碗面的口味都要问，有的客人还有忌口，这些都要问清楚。那会都还是收现金，客人点好餐还要快速地找零。稍微慢点都会被客人催。饭点的时候店里的客人很多，大多是附近上班的人，中午吃饭时间都很紧张。那会外卖也没普及，需要快速点好餐由同事去送。外卖大多是店里的常客点的，我会快速用笔记好地址，做好备注，赶紧下单。

这些对于当时的我真的是个挑战，生完孩子不论是从身体还是精力都还没有恢复到以前的状态。师傅刚开始教我时真的是前学后忘，精神高度紧张，老是出错，弄得我特别不好意思。好在师傅也是个妈妈，她特别能理解我，她会在客人不是很多的时候让我上手去做，而我也会在比较空闲的时候向师傅请教常遇到的一些问题怎么做会让客人更加满意。

做了一段时间之后，就慢慢好起来了，而我整个人也自信了很多，点餐也快了不少。

虽然每个点餐的客人，我都会详细询问他们具体点什么面以及什么口味，有没有忌口，但是事情哪有一直顺利的，有一次因为点错餐，被客人在前台骂了十几分钟。还有一天晚上交账，经理点钱的时候，发现有一张100元的假币。她反复确认了好几次，发现确实不对，我顿时整个人都呆住了。心想：完了，这下得自己贴钱进去了。

但是我又想：既然错误已经犯了，再去后悔纠结也没什么用了，还不如总结一下为什么会这样，避免下次犯同样的错误。于是，我向经理请教了怎么辨别真假币，之后我就再也没收到过假币。

经过一段时间的努力，我的工作也受到了很多客人的喜欢和经理的开会表扬。为此，经理把我固定在了人多的白班，说白班交给我，她放心。

虽然这个工作看似不起眼，但让我学到了很多东西，让我从刚开始的不自信成长到受到客人的喜欢和经理的表扬。

我发现遇到一件事首先不要去纠结、害怕，要勇敢地去行动，只有行动起来，才会有收获。

02 奢华体验：在高档餐厅里的挑战与成长

因为老公在上海工作，我又跟着他到了上海。朋友介绍我到虹桥路一家高档餐厅工作，一走进去就像回到了80年代的上海一样。上海老洋房别墅的风格，看起来那么高级，感觉就像做梦一样！

我所在的部门是铁板烧部门，都是独立的包房，管家式服务，一个服务员服务一个包厢。所有的厨师都是来自台湾，所有的料理都是现点、现杀、现做。厨师在铁板上做好后，由我们包房服务员根据厨师的指引先给哪位顾客上菜，这样就特别考验厨师和服务员的默契配合度。因为在此之前没做过这种形式的工作，所以刚开始的时候很多厨师的暗示指引我都看不懂，没少遭受有些老员工的白眼。

这里都是套餐，套餐的第二道是前菜，老员工给我说了好几次让我去厨房叫出前菜，我愣是没听懂。我还心想，前菜是个什么菜，怎么会有这么奇怪的名字。还有澳龙、莫桑比克玫瑰龙虾、小青龙，还有不同等级的牛肉，M9、A5牛肉，太多太多的菜名我听都没听过。但这些都没有把我吓退。

还好经理经常会组织培训以及相互演练，一次不行就练两次，两次不行就练三次，哪有学不会的东西呢！有时看大一点的包厢会有老员工带着一起看，我就会在一边观察老员工怎么服务客人，怎么跟师傅互相配合。有些师傅指引看不懂的地方，就趁师傅休息的时候抓紧时间请教。经过一段时间的学习和观察，我的工作慢慢变得游刃有余，也得到了大家的认可和表扬，以前那些不友好的老员工再也没说过什么了，甚至工作到一个多月时还收到了客人给的200元小费。

在这里工作，见到了很多以前只能在电视上看到的明星，也听到了好多人从底层努力奋斗的故事，让我增长了很多见识。

张爱玲说“不要让他人的意见成为束缚你飞翔的枷锁”，在我们成长的道路上，不可能做到让所有人都喜欢自己，所以别在意别人的看法，只要活出自己的精彩就好。

03 书写传奇：从读者到作者的华丽蜕变

虽然一直做的是餐饮工作，但是我知道，这并不是我真正想要做和喜欢做的事。在业余时间，我最爱看书，喜欢在书里寻找自己真正想要的精神世界。

偶然的一次机会，在自媒体平台看到很多读书博主都在推荐一本叫《读书变现》的书。我心想：读书还能变现，那岂不是两全其美！

拿到书，书中描述的老师的经历和很多小伙伴的改变深深打动了我，我果断通过封面上的二维码加了老师的微信，随即又加入老师的年度社群。没想到加入老师的社群，为我打开了新世界的大门。

在老师的年度社群，我认识了很多优秀且同频的小伙伴，浓烈的学习氛围让你不学都不好意思。每天除了课程的学习，小伙伴都会积极地输出当天课程的复盘，有什么不懂的问题发在社群里，只要看到的小伙伴，都会认真帮忙答疑解惑。社群里还有每个月经典好书的领读，老师不定期的答疑。每个月不同主题的学习，都使我这个零基础的小白受益匪浅。

看到老师说，7月20日要在上海办线下新书见面会，我也是毫不犹豫地报名参加。会上几位作者分享了她们在社群中如何从小白逆袭成畅销书作者的心路历程，这使得很多小伙伴都很羡慕她们，也都想像她们一样优秀。

参加完这场分享会后，我写了一篇复盘总结发给了老师，经过老师简单修改，没想到还上稿了老师的公众号。这是我第一次写新媒体文章，之前就只写过几篇小红书笔记，这次的上稿也给了我很大的信心！

没想到自己的梦想来得那么快，看到老师的合集书《行动的勇气》招募作者，想都没想就报了名。

之前因为焦虑内耗错过了太多，现在不想自己的人生就这么浑浑噩噩地过一辈子，马上要奔40岁，我想要把自己重养一遍，我想用自己喜欢的方式过完我这一辈子。等我老了再回过头看的时候，我不会后悔自己做出的每一个决定。

《玫瑰的故事》里有句台词："人生40才刚开始，想做什么就去做。只要迈出第一步，就在成功的路上。"

无勇气不青春，年龄只是数字，人生没有最晚的开始，从现在开始，行动起来，活成属于自己的光！

王静

从育儿到自我成长：奔跑着用行动书写人生

昊玥妈妈、18 年老银行人
12 年育儿路上的探索者、两个孩子的妈妈
关注妈妈成长、女主人幸福商苑合伙人
高级青少年财商指导师、亲子财商讲师
高级家庭教育规划师

我叫王静，是两个孩子的妈妈。拥有18年银行从业工作经验，12年育儿探索经验。

01 向前跑，不断探索

12年前，当新生命呱呱坠地，我迎来了人生中最伟大的角色转变——成为母亲。从手忙脚乱到从容应对，随着孩子的长大，我每天也在成长。和很多妈妈一样，在育儿的过程中，我犹如一位不知疲倦的探索者，一头扎进育儿知识的海洋，研读各类书籍，聆听专家讲座。随着孩子一天天长大，我不断更新自己的知识体系。

为了能读懂孩子内心的微妙世界，我毅然投身心理学课程的学习。那些深奥的理论和生动的案例，仿佛为我开启了一扇通往心灵秘境的大门，让我得以洞悉孩子每一个行为背后的情感诉求，也让我学会了如何用爱与智慧去沟通、去引导。这期间，“用心倾听，用爱引导”成为我养育的原则。

我翻看了很多书，听了不少课。报名了小儿推拿机构的家长护理课，自己在家给孩子推拿；听说精油可以给孩子治病，是完全绿色的，我赶紧买了各种精油和关于精油的书，有时间就翻看网上怎么调配精油能帮助孩子增强抵抗力。我很满意这些绿色疗法，在孩子不舒服时能及时帮孩子解决问题。因此，孩子一般的不舒服，我们很少去医院，我给他们按摩按摩基本就可以解决。

养育老大3年以后，迎来了我家的老二。两个孩子，还是一男一女，简直是上天给我的恩赐。当然，拥有两个孩子的生活也面临着各种考验：两个孩子要尽量做到平等对待，老大上幼儿园的过渡，家里老人关系的处理，夫妻之间的吵嘴别扭，生活可谓是五彩缤纷。

怎么办？继续学习！之前我想要教育好孩子，想通过不断学习来改变孩子，后来又觉得老公不理解我，想改变老公，但最后发现，其实是我的问题，是我没有理清我和自己的关系。于是，从育儿学习狂人开始向自我探索达人转变。我开始思考：我是谁？我不仅仅是妻子，是妈妈，我还是我自己。

作为一个天蝎座的人，我的兴趣领域真的太广泛了。我报过上万的课程，探索身心灵。有一天，听说思维导图能增强记忆，提升效率，我立马学习了认证讲师的课程。那时候千聊很火，我报了很多上面的课程，涉及的领域特别广泛……加入各种学习圈子，光微信群就有几十个。回头看看，学费花了不少，但好多内容都只是皮毛，只是满足了我的一点儿好奇心。

随着知识领域的不断拓展，我却陷入了知识消化不良的困境。那些丰富的知识如同璀璨的星辰，却难以连成一片浩瀚的星河。同时，我还被现实狠狠地打了脸……

02 停下来，慢慢沉淀

2018年，是一个糟糕的开始。

这一年6月，我做了甲状腺单侧切除手术，是恶性癌症。从出报告，到手术结束没超过5天，完全没给我思考的时间。大家都安慰我说，甲状腺癌是幸福癌，术后康复概率很高。但我很长时间都在问自己："老天呀，为什么会是我？"

就像容易得感冒的人，对于甲流、乙流的病毒，总是很容易被传染。我这是癌体质，是比较容易吸引癌细胞的，我的未来充满了太多不确定性。

但得了就得了，生活还是要继续的。今年已经是我术后的第6年了，每年过了6月，我都对自己说："瞧，又过去了一年，我还挺好的。"

同年冬天，我因为盲目而愚蠢的认知，遭受了巨大的经济损失。

人生就是这样，每个人总要为自己交些"生活"的学费，只是我的损失有些大，伤了我的筋骨。也是从这一刻，我开始认识到，虽然我一直在银行上班，但其实我的财商很低。知道很多理财知识，也曾数钱数到手抽筋，但这些不是财商，或者它们仅仅只是一部分而已。

之后，我工作的岗位被降了级，除了生孩子的中断，我从做了9年的支行行长岗位上下来，工资骤降，心态顿时崩溃。就记得，当时领导说："你的身体能吃得消吗？我马上要给大家压力测试，你可以吗？"那时候我才真的体会到35岁现象，成为职场边缘人，见到了人情冷暖，"职场老员工"成为一个带有贬义意味的词语。庆幸吧，我算幸运的，这一年我40岁了。

失败是成功之母，教训是觉醒的开始。我很感谢这一系列的打击。借着它们，我睁开了双眼。紧接着又是三年的疫情，断断续续，时不时就被隔离在家，这反倒给了我很多沉淀下来的时间。

经过这些事，让我觉得人生和未来有着极大的不确定性，根本无法预知明天和意外哪个会先来。我开始焦虑和迷茫，我是不是该让我的生活发生一些变化？

我明白，时间和金钱对我更加重要，我需要让自己更强大起来，也需要增加收入，还清债务，让家人未来有所依托，而我也有很多梦想，我希望留下的遗憾越少越好。

我要从哪里开始行动起来呢？

我拿出白纸，开始梳理我的过往：我有什么优势，我可以做些什么，我喜欢什么……一句话——搞清楚我的定位是什么？

03 动起来，输出分享

我的定位是什么？这个问题其实我问了自己一年。这一年，我做了各种尝试，各种突破，很有收获。

一开始自心底里，我真的不知道我可以干什么，那就先从能做的事搞起来。大家都在做直播，我像个愣头青一样，连在哪里设置都不知道也跟着开播了。我一边侃天聊地，一边在直播间里捣鼓着怎么挂福袋，怎么做设置。我对自己没有什么要求，所以也没有什么压力，连着几天我还开了1个多小时的直播。当然，和你猜得一样，没章法、没准备的开播，也没什么关注度。

终于把自己讲得没词了，那我再做些什么？视频号、公众号我都开始尝试，但因为没有清楚自己的定位，我都只是开了个头，就没有然后了。

我继续折腾和尝试，直到某个瞬间，我如梦初醒，意识到学习的真谛不仅在于积累，更在于勇敢地分享与应用。于是，我鼓足行动的勇气，迈出关键的一步——举办读书会。

起初，这个念头让我心生怯意。我害怕自己组织不力，害怕参与者失望而归，害怕在众人面前出丑露拙。但我的内心深处有一个声音在呐喊："倘若不敢尝试，永远无法知晓自身的潜力！"怀着"勇敢尝试，突破自我"的信念，于是我精心筹备了第一场线下读书会。

从书籍的甄选到话题的设定，从场地的布置到嘉宾的邀请，每一个细节我都力求完美。活动当日，看着参与者们陆续到来，我的心既感动又紧张。

在热烈的交流与思想的碰撞中，我深刻体会到了分享的力量。原本模糊的知识变得清晰明朗，孤立的思考变得全面深刻。这次成功的尝试让我坚信，行动的勇气是战胜内心恐惧的锐利武器。

读书会的顺利开展犹如一把火炬，点燃了我内心继续前行的热情。不久之后，我满怀憧憬地加入了一个教育平台，并成为合伙人。

在这个全新的舞台上，我有幸接触到丰富的教育资源和众多优秀的同行者。但与此同时，新的难题也接踵而至——我在商业思维方面的短板逐渐暴露，难以将优质的教育理念和产品有效地推广传播。

面对困境，我没有选择逃避，而是再次凭借勇气的力量，报名参加文案写作和定位课程。无数个寂静的深夜，当家人都已沉浸在梦乡，而我仍在电脑前埋头苦学，查阅资料，整理笔记，苦苦思索如何将所学转化为实践的动力。

“坚持不懈，追求成长”是我在困境中的支撑。

经过不懈的努力，我逐渐掌握了文案创作的技巧，同时还学习了天赋测评的课程对自身及所从事的事业也有了更为清晰的定位。这时我惊喜地发现，自己18年的银行工作经验宛如一个宝藏，尤其是在财商领域积累的深厚底蕴。

当今时代，女性在社会和家庭中的地位日益凸显，但在财商方面，仍有大片的知识盲区等待着被照亮。而在我的育儿经历中，也深刻体会到亲子财商教育的缺失。

在与孩子的相处中，我发现他们对金钱的概念模糊，不懂得如何规划和管理。这让我意识到，从小培养孩子的财商意识至关重要。

由此，我决定将推广女性财商和亲子财商作为未来的核心使命。这并非一条平坦的道路，或许会充满质疑与误解，或许会遭遇重重困难与挫折。但每当想起一路走来积攒的勇气，我便坚信自己能够披荆斩棘。

回顾这12年的育儿与自我成长之旅，我感慨万千。如果没有那一次次勇敢的抉择和行动，我或许仍在知识的宝库外徘徊，无法实现自我价值的升华。

曾几何时，我觉得自己是个十分内向的人，不善交际，不喜人多，甚至希望自己工作在一个只有几个同事的单位里，每天只用低头干活。没想到多年以后，我从事着要向外打开自己的工作和事情，不断与人分享，每天和形形色色不同类型的人交往。

我想这都是行动的勇气，它是推动我不断前行的强劲引擎，它赋予我冲破舒适区的力量，让我有勇气直面未知的挑战，为心中的梦想全力以赴。

道路或许布满荆棘，但我无所畏惧。因为我怀揣着行动的勇气，坚信无论风雨如何肆虐，都能坚定地迈向远方，为更多的女性和家庭带去财商的智慧之光，共同书写美好未来的新篇章。

刘一锦

勇敢行动，成就梦想

“85 后”跨行业连续创业者
两家公司的创始人
国家 CBC 认证美容师
国家二级心理咨询师

如果让你在创业和稳定生活之间做选择，你会如何选择呢？

10年前，我跟大多数人一样，大学毕业后便开启了自己的上班生涯。那时，我在广州一家大型集团公司担任电子商务部的客服主管，负责公司线上销售团队的管理工作。大公司、管理层、白领，当时在别人眼里有着这些标签的我，曾经也被身边无数的朋友、同学羡慕过。

但是只有我自己清楚，那时的我内心其实非常迷茫。我虽然拿着还不错的薪资，但是却不知道自己的未来在哪里，每天过着两点一线的生活，仿佛一眼就看到了未来几十年的样子。

直到2011年的某一天，我整理完公司那一个月的部门工作报告，下班后像往常一样在自己的社交账号上分享了自己的生活日常，我那天简单地写了句动态："下个月的目标，为公司赚100万。"

想不到过了几分钟后，我突然看到动态下方一位陌生好友的留言："嘿嘿，朋友，帮别人赚100万，不如帮自己赚100万。"

我莞尔一笑，脑袋里突然闪过几天前在某线上论坛上看到的一句话："打工是付出自己的时间为别人的成功铺路。"

我突然一下子陷入了沉思，是呀，人生只有一次，与其每天过着两点一线、一眼望到头的生活，为什么不能为自己好好活一次、奋斗一次呢？我突然有了辞职创业的想法。

那时正值互联网兴起，淘宝电商那时候正是风口，周围也正掀起一股淘宝创业的浪潮。我不禁心动，于是不久便向公司提交了辞呈。

01 创业赚到人生的第一桶金

2012年2月，我在淘宝网上注册了自己的第一家淘宝店，并租了一间十几平方米的房子，然后在服装批发市场找到了两家供货商，谈好价格，我便开始把产品图片一个个上传到店里，开启了人生的第一次创业。

每天早上六点多，天刚蒙蒙亮，我便坐到电脑旁，沉浸式地工作一整天。我既是运营，同时也是客服、美工，一个人担任了所有的角色，晚上经常忙到凌晨一两点。

但是，我的第一次创业其实并不算顺利。

我一开始谈的两个服装供货商，由于是一件代发，供货极其不稳定，通常不是卖出去了没货发，就是质量跟不上，因此没少导致客户退货退款。

另外就是女装当时是淘宝第一大类目，做这个类目的店铺非常多，竞争非常激烈，款式同质化现象非常严重，当时的新店虽然也有头三个月的平台流量扶持期，但实际流量增长得非常艰难，销量一直不温不火。

就这样坚持了两个月，感觉不但没卖出去多少，而且客户的退款率还非常高，数据简直惨不忍睹。

我痛定思痛，做了一个大胆的决定，就是给店铺来一次“大换血”，更换掉店铺之前所有的产品，然后把之前的女装更换成护肤品。之所以换成护肤品，是因为护肤品不像女装具有季节性，换款太快，这样货源更稳定，售后问题也更少。

我又重新谈了两家供货商，并且对产品严格把控，每款产品都拿回样品，自己亲自试用，用过确实是好，才会上架到店铺上卖。

一段时间后店铺情况开始渐渐好转，不但退货率大幅度降低，销量也有所增长。但是这时店铺的总体销量依然不算太好，还是不温不火。

我开始研究产品主图、详情页描述，以及产品定价，细细地打磨每一款产品。同时也开始关注平台各类活动。

2012年8月，我把店里两款比较受欢迎且销量较好的产品，报上了官方的“天天特价”活动，以及“淘金币五折竞换”活动，想不到活动当天流量大增，虽然活动产品利润极低，但是销量却有了一个质的飞跃。同时，活动所带来的流量，还同时带动了店铺里其他产品的销售。一天下来，活动款单款销量直接达到了600多件，也算是成功打造了两个小爆款。

接下来的日子里，店铺陆续报上了一些官方活动，效果还算可以，但是那时一款产品一个月只能报两期官方活动，每次活动只有一天时间，所以就造成报上活动的时候销量很好，但是活动一结束，店铺就又被打回原形的情况，流量、销量依然不温不火。

“唯有热爱，可抵岁月漫长。”那时的我，用这句话来形容最合适不过了。

2014年4月，机缘巧合之下我在淘宝官方后台试听了一位淘宝讲师的爆款打造课程，才发现原来之前的自己一直缺乏爆款思维，于是我毫不犹豫地花了6000多元买下了这套课程，加了讲师的微信，开始系统地学习淘宝的运营技巧，还学会了一整套爆款打造的方法。

我按照这位讲师讲的，每节课都非常认真地学习，并做好笔记，同时课后还迅速把学习到的技巧执行到位，遇到不懂的，直接向这位讲师请教。那时，讲师还专门建立了班级群，群里有很多志同道合的优秀而上进的小伙伴，我每天跟他们一起讨论淘宝创业路上遇到的各种问题，共同进步和成长。很快，通过系统学习和严格执行所学，我的第一个爆款诞生了。

因为引进的是多渠道流量，产品一开始零星出单，然后销量递增式增长，从第14天开始销量达到高峰，一天爆卖一两千单，而且后续每天都在稳步售出。后来，我又不断地选款、测款，陆续打造了好几款爆款产品，店铺销量突飞猛进。

就这样，我的淘宝创业正式走上了正轨，也通过创业赚到了人生的第一桶金。

经过这一次创业，我深刻地领悟到了一点：向高人付费学习，融入优秀的圈子，才是实现事业质的飞跃的关键；一味地闭门造车，只会浪费大量的宝贵时间，走很多的弯路。

02 创业遭遇低谷，踏入自媒体行业的大门

2018年，我在创业路上做了件直到现在还懊悔不已的事情，那就是花重资投资了一个自己还不是特别熟悉的医美项目，从而导致了资金的大量亏损。我从付费学习，到加盟，再到成为这家公司的合伙人，虽然前后观察了两年的时间，但是因为医美属于重资产行业，再加上这个行业市场的迭代与更替速度快，我对市场行情的把握不准，从而导致自己踩了坑，投入的大笔资金也打了水漂。

事后我沉痛地做了次深度的复盘，发现选对项目对创业者来说真的是至关重要，有些项目虽然看着利润很高，但是实质风险很大，特别是重资产项目，创业者在选择项目时务必要谨慎。

2020年初，新冠疫情开始大面积暴发，很多地方都实施了人员和物流的管控，虽然我所在的地区属于低风险地区，但即便是淘宝上已售出的订单，每天仍有大量的顾客退货退款。有时是未发出就被退了，有时是在发出途中顾客突然要求退，有时是运输到了顾客的所在地，却因为当地物流管控，导致顾客不得不申请退货退款。那时身边的上班族也同样屡屡遭遇这样的窘境，所以微信朋友圈那时特别流行一个词，把这一类上班族称为“天选打工人”，而当时的我只能戏谑地调侃自己能顺利发出并且被签收的快递包裹是“天选包裹”。

我的事业一时间陷入了前所未有的低谷。

直到2020年9月，我在公众号上刷到一篇文章，看到一个叫“读书变现”的知识付费课程，因为自己平时很喜欢看书，于是好奇心驱使我花了一元报名了四节体验课，听完后我产生了浓厚的兴趣，于是便直接报名了这位老师的正式课程。

想不到正是这一个选择，让我从此踏入了自媒体行业的大门，而我的人生也迎来了事业的第二曲线。

在课程里我认识了目前网络上的各大自媒体平台，包括今日头条、百家号、小红书等，并系统地学习了这些平台的运营方式，以及自媒体文章写法。步入了这个行业后，我接触到很多优秀的伙伴，以及我人生中的贵人。

曾经的我，有过当作家的梦想。我本人在初中时期就有向报社投稿发表文章的经验，而且后续还积累了两年的记者写作经验，因此对我来说，做自媒体就是把自己曾经的梦想变成事业。经过不断学习，我写的文章很快就在自媒体平台上出了很多爆款。我在平台上分享了自己多年的创业经验，以及自媒体写作经验，得到了很多陌生好友的点赞和关注。而我的事业，也从此走向了更广阔的天地。

03 未来要帮助更多人实现创业梦想

到目前为止，我创业已经有12个年头，回看走过的路，不禁感慨万千。我在创业的路上有过无数的高光时刻，也踩过不少的坑。我很感恩自己生在了这个伟大的时代，互联网的高速发展，让我有了更多的选择以及成功的机会。

因为自己淋过雨，所以希望给别人撑伞，帮到更多的有缘人。

改变从换圈子开始，持续学习，终身成长，方能创造无限可能。

让我们怀揣行动的勇气，去追寻心中的梦想，书写属于自己的精彩篇章！

杨琴

愿做遥远天河的星，虽不醒目却也闪耀

会计师

文佳教育创始人

家庭教育指导践行者

好的人生需要文火慢炖、细水长流。

静心才能看到万物的生长，静心才能听到万物的声音。和自己的心在一起，方能洞见、觉知、醒悟、成长。

01 原生家庭是伤人的剑，亦是重生的火

“原生家庭”这个词，不知道是什么时候兴起的。我接触这个词大概是在2012年，那时孩子上幼儿园，我是在一场家校共育的讲座中听到的。

原生家庭是指我们自己出生和成长的家庭。在这个家庭中，无论是家庭的气氛，还是家庭的传统习惯、家人互动的方式等，都将影响子女日后在自己新家庭中的表现。有句俗话叫“家家有本难念的经”，而原生家庭或许就是家庭治疗理论中用来解读这本“经”的吧。

带着对原生家庭的疑惑和好奇，我开始阅读相关的心理学书籍，多次参加线上线下学习。脑海中还清晰可见第一次听课的场景，老师随机请出两位学员（学员A、学员B）走上台，并随机请出4位学员站在他们身后扮演父母的角色。学员A身后的家长铿锵有力地说：“我们爱你，我们无条件支持你，我们相信你。”学员

B身后的家长喋喋不休地说：“你真笨，你真蠢，我没你这样的孩子……”

看到那一幕，我仿佛触了电，时光将我拉回童年。

童年时的我热爱唱歌、跳舞。上幼儿园时被选去唱黄梅戏，播下了热爱的种子。小学加入校艺术团参与各类联欢会演出，自己还组建了3人组舞蹈小团体。那时每节课间都会躲在靠墙角的一处老房子边排练舞蹈，自编自跳自唱，乐在其中。后来，便跑去县文化宫剧院，在剧院各位老师们的面前跳舞。印象中去了两次，老师们告诉我，喜欢跳舞可以考舞蹈学院，进行专业练习，未来会有很多机会。

那时我就一门心思想考舞蹈学院，但是，耳畔常常响起的是“女孩家学什么跳舞？”“唱歌跳舞都是不正经的事”“不许跳舞”。20世纪80年代生活在小县城的孩子很在乎这些，我便慢慢收起这些想法，想要成为父母眼中正经的女孩。

我不被允许穿花衣服、不被允许梳花辫子、不被允许和男生说话……甚至，你能想象吗？十七八岁花一样年纪的我，第一次远离父母来到北京读书，居然不知道女孩要穿文胸，我的第一件女性用品是大我一岁的室友带我去买的。我永远记不住自己文胸的尺寸、自己例假的时间，好像这些数字和我是绝缘的。一直不明白为什么会这样，明明自己是女孩子，却对胭脂水粉不感冒；明明自己是女孩子，却对家长里短聊八卦不感冒；明明自己是女孩子，却从不懂得撒娇和示弱。我就是个活脱脱的小子，硬是被架上了这副女儿身。

而这一刻，所有疑惑似乎都得到了解释。

02 过去无法改变，未来却可以选择

我看到网上有很多人指责或批评原生家庭，把很多问题归结到原生家庭上，似乎这成了一个人可以躺平的理由，一张遮羞布。

大部分人的父母都是平凡的普通人，他们的教养方式都是从父辈那里习得并延续下来的，一个时代有一个时代的印记，一代人有一代人的创伤。只要我们的父母不是赌徒、酒鬼，不是暴力分子或虐待狂，我想大部分家庭的父母都差不多。

我们都经历过一种冷叫父母觉得你冷，有一种饿叫父母觉得你饿。成长过程中，父母对我们的选择总爱指指点点，强加干涉，但那就是他们作为过来人的经验之谈。他们的能力有限，他们没法帮我们兜底，也不敢轻易让我们去尝试走一条陌生的道路，他们也是困在了自己的认知界限里。成长在20世纪80年代的我们，被父母打骂是常事，他们或言辞犀利或不留情面，带给我们自卑感、羞辱感、不配位感等这些童年无法疗愈的伤痛。但他们何尝不是这样长大的呢？或许背负得更多。要知道，父辈的父辈是在战争、饥饿、死亡中求生存的，他们的创伤更深。可喜的是，在物资匮乏的时代，人们以生存为目的，没有这么多的念想和欲望，获得幸福的能力更强。

所以，请相信，无论是在经济相对落后，信息十分闭塞的20世纪八九十年代，还是在信息大爆炸的今天，他们能给我们的，都是他们当下能拿得出手的最好的一切。我们要感谢父辈，是他们这一代人通过努力拼搏解决了物质生活问题，才让今天的我们有时间、有能力、有机会通过学习寻求精神层面的进步，去完成灵魂的救赎。

每个人的成长过程都不完美，有遗憾、有后悔、有不甘……寻找原因不是为了有借口有理由责怪父母，让父母为我们不太满意的现实生活买单。我们追溯到原生家庭，了解原生家庭，是为了找到童年的创伤，完成自我唤醒和自我疗愈，和自己的原生家庭和解，和过去那个满身伤痛的自己和解，从悲伤、痛苦、矛盾中走出来，拥抱更好的自己。

我们无法改变过去，却可以选择未来。

03 “祸兮福所倚，福兮祸所伏”

大学毕业后，尽管我无比抵触成为一名会计，但还是如父母所愿考取了会计师，在很长一段时间里从事会计工作。不存在热爱，也毫不喜欢，偶尔心底还会生出抵触或厌恶的情绪。这10年里，我多次想要转换行业，可无论尝试做什么，都提不起干劲，总有种定不下心性的感觉，内心始终奔涌着两股力量，在对抗、在绞杀、在内耗。

第一次透过腹部感受胎儿鲜活的生命时，我心动了。从坐在电脑前为宝贝写下第一篇成长记录开始，不知不觉间已经写了十多年。虽然都是些生活点滴，如孩子的成长记录、生活感悟、观影心得等，可岁月流转，竟得以窥见自己的内心，唯听课、读书、写字最能静心、安心。一坐小半天，饭可以不吃，觉可以不睡，这大概就是找到了所爱之事的感受吧。

我开始参考视频和教师用书学习语文教材，学习某知名品牌旗下课程，考取教师资格证，创办教培机构，顺理成章地一步步走了下来。好景不长，2021年“双减”政策的颁布犹如晴天霹雳，将正在蓬勃发展的事业一夜打回原地，身边各大教培机构纷纷关门，满街张贴着转租的信息，我面临着艰难的抉择。

“祸兮福所倚，福兮祸所伏”。

基于对未来的不确定性和其他复杂因素，我最终选择关闭教培机构。为了处理掉机构的教学设备、课桌椅及物料配件，误打误撞来到网络平台销售，低价处理的二手货物及各种教材图书，给我带来了一波流量，开启了我人生的第一个副业。

我是被一个“风口”裹挟着抛入另一个“风口”，被这波气流强行推动着往前走。从处理二手物料到做社群团长，我第一次体会到“躺赚”的快乐，也第一次体会到有份副业的乐趣。

一份算是安稳的工作，一份收入还不错的副业，人生也算安乐。

04 余生很贵，我愿成为自己的光

没有物欲的我，唯一的乐趣就是投资孩子的教育。每花出一笔钱，就多了一份成就感，更坚信，自己是一位愿意付出时间和金钱的负责任的好妈妈。

然而，没想到打脸来得这么快。不，不应该这样说，应该说，我对原生家庭又有了新的认识。

成长有时真的就是一瞬间的事。就是你在茫茫人海中寻觅，“蓦然回首，那人却在，灯火阑珊处。”

通过了解原生家庭，我打破了对父母的执念，却忽视了我正在经营着的原生家庭对孩子的影响。我突然明白了我的期待和焦虑是什么。

近些年来，青少年心理健康问题日益成为社会关注的焦点，青少年心理健康出现问题，父母有着推卸不了的责任。我们操控着孩子的时间、兴趣爱好、想法，一边期待着他/她能成龙成凤，一边又有着无尽的焦虑。我们总是不自知地把自己未曾实现的梦想强加给孩子，还自我感动似的告诉孩子“都是为了你好”。

这一刻，我啼笑皆非。多么大的人生骗局啊！而且是以爱为名设下的。我对孩子的控制、期待、焦虑，莫不是对自己躺平做出的注意力转移吧？

我不过人到中年，怎么，就想放弃努力了？想让孩子替自己去冲锋陷阵？自己做不了的事，自己争不到的里子面子，想让孩子替自己争到？我不禁苦笑。我为何总期许孩子能够冲破层层困难成为光来照亮我，而不是我迎风飞行把自己变成一束光，让孩子追光而来呢？最好的爱，难道不是我成为最好的我，你去做最好的你吗？

我要鼓起勇气面对我的胆怯、我的懦弱、我的自卑。我要去挑战那些曾经想做却不敢做的事情，比如成为一名畅销书作家、一名网红主播……

想都是困难，做才有结果。亲爱的，勇敢迈出第一步吧。

余生很贵，我愿成为自己的光！

怡静

战胜自我，
勇敢迈出第一步

爱生活，爱读书，爱写作

平平凡凡的普通人

把写作当成终身事业

“终于做了这个决定，别人怎么说我不理，只要你也一样的肯定……”熟悉的旋律在耳边响起，我放下手中的笔，思绪随着歌声飘向远方。

01 被折断的翅膀

我生在农村，是到县城上的高中。那时，我爱上了写作，在语文李老师的鼓励下，我笔耕不辍，老师也会帮我修改。高一的时光愉快而充实，我的写作水平因为老师的教导得以提升。

然而，高二时，李老师被调走了。临别时，她一再叮嘱我不要放弃写作，要继续坚持，我点头应下。

可未曾想新来的语文老师，竟然当着全班同学的面断言我的作文抄袭。

当时，我整个人都蒙了，她凭什么认定我的作文是抄袭?

她说：“以高中生目前的水平，绝不可能写出这样的文章，不是抄的，还能是什么?”

我哭着跑出教室，给李老师打了电话。李老师安慰我：“走自己的路，让别人说去吧。不要在乎别人的看法，只要自己坚持就会有结果。”

我原以为事情会就此过去，没想到新老师因为这件事让我请家长，并且当着家长的面说了许多难听的话。

回到家后，我遭到爸妈的双重责罚，被警告不许再抄袭。为什么没人相信我呢？我把李老师之前辅导我时写的作文拿给爸妈看，却被他们撕碎扔到我头上，再次严厉警告我，要听老师的话。

经过这件事，我把李老师离别时赠送的书籍全部锁进箱子里。从那天起，我不再写作，坚持了一年的写作习惯戛然而止。

泰戈尔说："天空不曾留下鸟的痕迹，但我已飞过。"可我这只曾经想要飞翔的鸟儿，却因他人的误解与偏见，折断了梦想的翅膀。

02 恐惧的枷锁

自经历了高中那场写作风波以后，我变得沉默寡言，不再与同学交流，总是形单影只，仿佛被无形的恐惧枷锁紧紧束缚。蒙田说过："害怕自己会受苦的人，已经遭受他所害怕的痛苦。"

高中毕业后，我在父母的安排下，进入县城的一家企业做会计。财务部常常需要写报告，师傅让我尝试着写。

可当我拿起笔，那可怕的记忆就如潮水般涌来。老师那尖酸刻薄的话语在我耳边回响："你怎么可能写得出这样的文章，你就是抄袭的，没有羞耻心！"

我的手开始颤抖，眼泪不受控制地落下。师傅关切地询问我怎么了，我慌乱地掩饰了自己真实的情绪，只说自己是因为写不出来而急得流泪。

此后，我只要有写报告的任务，师傅都贴心地自己承担下来。而我陷入了深深的自我厌恶中。我不断问自己：为什么过去的阴影还如此沉重地压着我？

爱默生说：“去做你害怕的事，害怕自然就会消逝。”但我却一直被困在原地。

03 黑暗中的挣扎

工作半年后的一天，师傅语重心长地告诉我，会计岗位是需要从业资格证的，最好还能有职称，建议我去考证提升自己。我听从了师傅的建议，报名参加了培训班和考证班。

那段时间，我白天认真工作，晚上刻苦学习，付出了诸多努力，最终，皇天不负有心人，我顺利通过了考试，拿到了证书。在这个过程中，我还认识了新朋友，一个阳光漂亮的女孩娜娜。

她就像一轮温暖的小太阳，只要在她身边，我便能感受到无尽的温暖和力量。娜娜特别喜欢写作，她常常兴高采烈地拿她的作品给我看。她的文笔优美动人，好些作品都发表在知名的报纸和杂志上。

每当看到她的成就，我心中都会涌起一阵复杂的情绪，我好想像她一样自由地写作。可回忆起高中的那段痛苦经历，我又觉得自己离写作越来越远。如果当年没有因为那场风波辜负李老师的期望，一直坚持写作，估计现在也能和娜娜一样有些成就了吧？

娜娜注意到我泛红的眼睛，轻轻拍了拍我的后背，温柔地说：“都过去了，现在写还来得及。”

“我可以吗？”我怯怯地问，心里满是怀疑和不安。

“为什么不可以？”娜娜毫不犹豫地反问。

“我……”我欲言又止，心中的恐惧和顾虑让我不知如何表达。

“过去是残酷，但梦想是你的。如果你连自己都不相信，那谁还会相信你？”娜娜看着我，眼神无比坚定。

听了她的话，我犹如醍醐灌顶。泰戈尔说：“上天完全是为了坚强你的意志，才在道路上设下重重的障碍。”过去的挫折不过是命运设下的障碍，怎能让它永远阻拦我追求梦想的脚步？我不能再让过去的阴影束缚住未来的可能。

看着娜娜充满鼓励和信任的眼神，我的内心开始动摇，那紧闭的心门仿佛透进了一丝希望的曙光。

04 曙光乍现

娜娜带我来到她家的书房，那一瞬间，我仿佛置身于知识的海洋。满屋子的书籍琳琅满目，我的眼睛里不由自主地露出了羡慕与渴望的神情。

她大方地让我随便看，我怀着激动的心情抽出一本本书籍，每一本上都有着她细致的注释与批注。那些熟悉的字节仿佛有魔力一般，紧紧抓住我的目光，让我不忍放手。看着这些充满思考和感悟的字迹，我仿佛又回到了和李老师在一起学习写作的日子。

那时，李老师的书籍上也是满满的阅读痕迹，每一处都见证着她对知识的追求和对文学的热爱。

“静静，要不你把出租屋退了，搬过来和我一起住，我有伴，你有书，咱俩还可以一起写。”娜娜突然说道。

“啊？这不太好吧？”我有些犹豫，心里既有对这份邀请的感激，又有一丝担忧。

“这有什么？反正我爸妈都在市里，不经常回来，你租房子又花钱，不如搬过来和我一起住，我还有个伴。”娜娜真诚地看着我，眼中满是期待。

“好，谢谢你娜娜。”我被她的热情和善意深深打动。

“姐妹俩不说两家话。”娜娜笑着拉着我的手。

我非常感谢娜娜，她从知道我高中的那段痛苦经历后，就一直在开导我，一直鼓励我重新提笔。她说：“别人犯下的错误，为什么要自己买单？已经错过那么多年，现在开始还不晚。”过去的挫折不应成为我前进的阻碍，而应成为我重新出发的动力。娜娜的话如同一束曙光，照亮了我内心黑暗的角落，让我重新燃起了对写作的希望之火。

05 勇敢前行

我终于勇敢地克服了对写作的恐惧。

在单位里，我主动承担起撰写财务报告的任务，不再畏首畏尾。晚上回到家中，和娜娜一起热烈地讨论我们喜爱的书籍内容，然后各自静下心来写下读书感悟。那些思想碰撞的瞬间，仿佛夜空中璀璨的星辰，照亮了我们求知的道路。

我们还报名参加了夜校学习，共同选择了汉语言文学专业。虽说这是夜校，但授课的老师们都是专业且负责的在职大学老师，他们倾囊相授，让我们受益匪浅。我们最喜欢的西方文学和中国文学课程，基本一节课都不落下。老师们推荐的书籍，我们也会迫不及待地去图书馆全部借阅。在知识的海洋里畅游，我们如饥似渴地汲取着养分。

3年的时光如白驹过隙，转瞬即逝。我们以优异的成绩毕业，然而，天下无不散之筵席，我和娜娜也迎来了分别的时刻。她们家移居国外，我心中有万般不舍，但更多的是感恩。是她带我走出黑暗，给予我阳光和勇气，让我能够重新拥抱写作，重拾对生活的热爱。

罗曼·罗兰说："谁要在世界上遇到过一次友爱的人，体会过肝胆相照的境界，就是尝到了天上人间的欢乐。"

那么多年过去了，如今人到中年，我依旧坚持写作。我没有投过稿，也没有发表过任何作品，我只是喜欢把身边发生的事，通过文字真实地记录下来。闲暇的时候翻出来看看，回忆那些温暖的瞬间和珍贵的经历，我便感到无比满足。我深知自己就是一个普普通通的人，但写作让我的内心世界变得丰富多彩。

2024年，是我人生转折的一年。

这一年，我有幸认识了弘丹老师。她独特的教学方式和深刻的写作见解，带给我全新的写作体验，让我仿佛打开了一扇通往新世界的大门。

原来还可以这样写作，我对写作有了新的认识和更强烈的渴望。

是金子总会发光的，我相信，只要坚持不懈，我也能在写作的道路上绽放属于自己的光芒。在接下来的日子里，我会坚定不移地跟随老师的步伐，把写作当成终身事业，努力活成自己想要的样子。

陈姗姗

幸福力：策划自己怦然心动的人生

10 余年企业品牌策划管理经验
4 年幸福力陪伴者
3 年热爱生活的旅行主理人

可爱的你：

谢谢你翻开了这一封我为你书写的心灵书信，开启探索自己怦然心动的幸福之旅。

你还好吗？你正在过着自己真心喜欢的生活吗？是否因为忙着努力前行，忙着照顾大家的感受，把自己的幸福感弄丢了呢？

在这里，我想陪伴你，静下来，靠近你心之所向的幸福。抚去身心的疲惫，让心温暖一点。

每个人都有一份专属于自己的幸福人生地图，你拿对了吗？还是使用着别人同款复制的“幸福人生标配“地图，循环焦虑地活着：比钱、比车、比房、比婚姻、比孩子……

或许，你可以打开自己专属的《幸福人生说明书》，探索开启你人生后半场的无限潜能，走向让你充满热情且纯美的道路。

01 我是谁？迷茫的同款复制“幸福生活”

有一天，一位来访者道出了很普遍的“幸福标准”，她含着委屈的泪，哭笑不得地倾诉着：“为什么，我那么努力，却过不好这一生？依然一无所有，沦为社会三无人员：无房、无车、无对象。我怎么可以活得一无是处？！”可亲爱的，幸福的标准，不是交给外界定夺的，不要在意外界的眼光，去看见真正让你发自肺腑开心的事，它可能不用那么贵。你是否真的看见每个当下的幸福存在？还是寄托于触碰不到的未来？

每个人的生命地图不同，你的每一份经历都非常宝贵，挫折、苦痛、绕路都是为我们的生命成长量身定制的。关键看我们如何拥有把问题转化为机会的勇气，透过事件，不是去埋怨、自责、抗拒，而是从中找到我们收获的东西。人生是我们自己的。

我曾经也经历过这样的迷茫，有人对我说：你该结婚了，大家不都是找个人凑合过日子吗？；你不能太单纯善良，会被欺负；你怎么不像正常女孩一样，一起聊八卦、逛街？；赚很多钱才会幸福……

一直相信真善美世界的我，也因为别人的话以为那些美好只是自己的幻想，因此觉得自己和社会格格不入，像极了孤独的外星人。我开始蹩脚地学着成为大家口中的“正常女孩”：谈无聊的八卦、参加聚会强颜欢笑、买名牌和大家有了共同话题……可内心并不快乐。我成功地过成了大家口中女孩的样子，也成功地弄丢了自己的幸福感。

直到给我“指点迷津”的人们向我倾诉他们感到脆弱无助时，我慌了，我该怎么保护他们？我曾以为自己乖乖听话照大家所谓的“幸福公式”做，我就会获取幸福答案，也可以帮到他们。结果发现，并不是的，他们仿佛需要一种由内生发的力量。那是什么呢？

大家爱你的方式，也许只是他们当下对于幸福的理解，是他们认知范围里为你好的方式。可只有自己才知道，怎样的人生是由内而外的深度幸福。

“亲爱的，外面没有别人，只有你自己。”

愿你勇敢地成为自己真实想活成的样子，可以是悠闲的、可爱的、松弛的、单纯的……不用被眼前的困局，限制了你的无限可能。所有的方法、建议，都只是提供给我们的一个线索，可以亲自为自己甄选点亮心光的信息去践行。听从自己本心的指引，笃定愿力去行动，导演属于自己的生命剧情。

02 寻回自己：激发幸福人生的无限潜能

有一种幸运，是没有放弃聆听自己的心声。也感恩我们生命里的导师同伴们。当我鼓起勇气，去“叛逆”地行动，兑现心中一个又一个理想，探寻着怦然心动的人生道路时，我也会思考，究竟做什么会让我心爱的你们，由心而发稳稳地幸福呢？慢慢发现，核心是自身需要有感受爱的能力、有幸福的能力。

我开始聆听、尊重自己的纯粹心愿和目标，去逆行，只和单纯的心愿目标连接前行，于是，遇见了未知的自己。

想当记者，实现了：从编辑到专题采访。

想当策划师，实现了：一做就是10余年，从快乐的小策划师到企业品牌管理层，办了数百场活动、写了无数的文字从纸媒到自媒体、承接策划了不同行业的品牌项目案子……幸运地通过工作打开眼界。很感恩得到了前辈们的指引。

想当模特，实现了：拍摄了服装画册、杂志，参与鸟巢足球宝贝活动、全国民族服装大赛等，遇见了美丽的同伴们，看见了摄影师、化妆师们对美的用心和热情。

想当幸福力陪伴者，实现了：开办幸福企业讲座、温暖的读书茶会、幸福沙龙……倾听数百人的心声，在爱里，获得幸福行动的勇气。

想当旅行师，实现了：高中懵懂地开启了旅行，而后做了旅行主理人，开启助力实现了他人的旅行梦想，看到了大家对生活的热爱和生命的活力。接下来，希望可以开启一种温暖的旅行方式：让人边玩边学习爱的心灵奇旅……

其实即便抵达了每个阶段的梦想，我也依然活得平平无奇，当我开始接纳自己的平凡，发现自己多了松弛感。提醒自己不要因别人的成功而活在进步不够的自责和歉疚里，可以拥有属于自己的自在步调节奏。

我很感恩遇见的工作和伙伴们，提升了我的认知，拓宽了我的新视界，让我遇见了许多有趣的人事物，也让我在生命不同阶段，遇见了指引方向的人生导师。也打破了曾经被灌输的限制性信念，例如：曾听说工作是煎熬的——实践后，我发现做着喜欢的事，不仅会拓宽认知维度积极成长，也会充满生命活力，这是活着的感觉；曾听说职场或生意场只有尔虞我诈、冷漠算计才能存活——行动后发现，我们可以用关爱创造出温馨的团队和工作环境，去看见同伴们闪亮的地方，相互分享、取暖。攘外必先安内，团队也会因此像个家，有力量齐心抵达共同的目标。一颗真诚温暖的心，会同频共振大家温暖的心，因为每个人都有善意的一面。纯粹的爱，能融化、改善一切。

即使全世界都否定你，你也得支持自己的活法。我们才是本源，外面的人事物，只是心的投射，就像镜子一样。

不因别人的限制性认知而限制自己的理想；不因别人的否定而轻易质疑自己的能力；不因别人的恐惧而恐惧封闭。我们只管向着自己心中的幸福目标，悄悄地带着感恩前行。

我们的生命也就那么短，至多百余年。能在这一生，给这世界献上一份什么礼物呢？我希望，留下的是一份温暖。

03 如何为自己策划怦然心动的幸福人生

幸福魔法三部曲：幸福人生地图+智慧解忧+爱与幸福能力

某一天，我的那些驰骋商场的导师们，突然离开职场去静心学习。剩下我孤独地忙碌前行着，迷茫期，开始思考人生的意义。

我停下来，心中隐约感受到：真正的快乐不是那些浮于表面的吃喝玩乐，而是源于内心深处的安宁自在。于是，开启了我人生向内探索之旅。开启心理学等旅程，寻觅心中更深远的答案。

我也曾陷入一个误区：学习的时候，会觉得每位老师都对，推翻了自己的想法。去学习去效仿，虽然都是很好的方式，可依然会丢失自己。所有的方法、榜样，哪怕再好，都只是我们用作参考的样板，我们才是自己生命的主体，每个人都是独一无二的。不妄自菲薄，我们想挖掘的宝藏，一直在我们自己身上，成为自己的伯乐。

一个智慧有爱的人，一定不会剥夺你的力量，不会让你听从和依赖他们，而是会让你懂得，力量一直在你身上，你可以失去所有，却不能失去宝贵的自我和身体的健康。会用爱谅解你，陪你看见你自己内在的光芒，独立站起来，即便全世界都不相信你，你也能有勇气相信自己，具备战胜挫折的能力，前行。

我发现了一些实用的宝藏方法，也初步找到了自己的人生幸福地图。这份浓缩简化版的"怦然心动的幸福人生说明书"也送给你，助力你陪伴自己问心探寻，找回专属于你的幸福地图。

幸福魔法一：《幸福人生地图》

此生，你想实现的3件怦然心动的人生要事是什么？

你当下的幸福目标是什么？量化行动。

幸福魔法二：《智慧解忧》

你今天烦恼的问题是什么？

如何转化为正向的念头及行动？

幸福魔法三：《爱与幸福能力》

感恩日记：看见和认可今天温暖的事，对自己和他人表达感激之情。

爱的能力：如何滋养地爱自己、爱他人？

幸福小事：今天，送一件滋养身心的幸福小事给自己，看见心光希望。

爱，有强大的治愈力。幸福是一种能力，现在就可以练习。给自己温暖的爱，再去爱他人。

每一天，活在滋养你的人事物中，从一天到一年，从十年到一生，从量变到质变，活出滋养喜悦生命的品质。一个人在怦然心动的热爱里生活，眼里会有光，心中会充满希望。

人生是我们自己的，不拿别人的剧本过自己的人生。愿我们有勇气，过出让自己怦然心动的幸福人生。

祝可爱的你，健康、开心，稳稳地幸福下去。

姗姗

2024年

钟海

我命由我不由天，
做自己人生的首席设计师

斜杠青年

终身学习者，三级拆书家

设计人生认证教练，职业生涯规划师

在无垠的宇宙中，每颗星星都闪耀着独特的光芒，象征着个体命运的无限可能。我们，就如同那些璀璨的星辰，携带着各自的梦想和故事，在人生的旅途上不断前行。每个人都是自己命运的设计师，是编织自己生命故事的艺术家。

然而，并非每个人都能意识到自己内在拥有塑造命运的潜力。在生活的波折与起伏中，如何挣脱命运的枷锁，把握自己的人生轨迹，活出充满激情与活力的人生，这成为我们每个人必须解答的生命课题。

我命由我不由天，这不仅是一句口号，更是我的一段自我救赎与成长的旅程。愿我的旅程激励你发现内在力量，勇敢追梦，将内心火焰化为行动，驾驭人生航船，成为自己命运的主角。

01 梦想的种子：有梦想，谁都了不起

我出生在一片被群山环抱的小山村，父母文化程度不高，他们常年在田间地头里穿梭，无暇顾及我的学习。加之自己不知道读书究竟为了什么，迷茫充斥着我的内心，就这样到了中学……

在乡镇中学，那股乌烟瘴气的学习氛围，让我一度迷失自我，沉迷于与笔友的书信往来，成绩也一落千丈。然而，初二期末考试

时，班主任轻描淡写的一句“你不用看了，这次期末考试轮不到你考第一”，却如一根锋利的针，刺痛了我沉睡的心灵。那一刻，我被深深触动，内心的斗志被唤醒。

为了证明自己，为了争一口气，我毅然决然地断绝了与所有笔友的联系，将全部的精力投入学习之中，决心要让那些曾经轻视我的人刮目相看。

初三那年，我选择了住校，每天晚自习结束后，我依然挑灯夜读。尽管身体疲惫，心中却有一股不服输的火焰在燃烧。中考前夕，因学习用力过猛，用脑过度，导致头昏脑涨，失眠成了常态。医生建议父母让我休学静养，但遭到我的坚决反对。为了证明自己，我必须拼尽全力地抓住中考这唯一的一束微光。

当所有人都对我考重点高中不抱任何希望时，我却依然不愿放弃追逐梦想，独自一人熬过了那段特别黯淡的时光。皇天不负苦心人，最终我以全校第三名的成绩考入县重点中学，成为那年我们乡镇中学的一匹“黑马”。

进入高中，由于基础薄弱，高中三年我已拼尽全力，努力到感动自己，但令人遗憾的是，只能以超出二本线2分的微弱优势进入了一所普通院校就读……

我的青春时代，虽然充满了艰辛和挑战，但也让我学会了坚韧和不屈。它教会了我，无论身处何种困境，只要我们有决心、有信心，就一定能够找到突破困境的方法，迎来属于自己的光明未来。只要心中有梦想，脚步不停歇，总有一天会在人生的舞台上，绽放出属于自己的光芒。

梦想，是心灵的火种，点燃了我们内心深处的渴望。它告诉我们，无论出身如何，只要有梦想，每个人都能变得了不起。梦想是自我实现的起点，是我们在人生旅途中的北极星，指引我们向未知的远方航行。让我们携带着这份光芒，勇敢地追逐，直到梦想成为现实，照亮我们的生命之旅。

02 勇气的翅膀：有勇气，就有诗与远方

2009年大学毕业，金融危机的寒风横扫全球，就业市场一片萧条，我手持着不足为道的烂牌，固然也难逃社会无情的“毒打”，无奈地活成了“跳槽狂人”。

入职深圳一家电子企业未满2个月，由于无法忍受电镀车间阴暗、机器轰鸣、化学气味刺鼻的工作环境，我启动了首次“出逃计划”，从电镀工一跃成为私立学校的教师。

然而理想很丰满，现实很骨感，我又一次被现实甩了一记响亮的耳光——试用期薪水仅有微薄的900元，汤泡饭成了日常的“佳肴”，农贸市场门口招生的尴尬如鲠在喉。由于极度不满如此窘迫境遇，我使出“走为上计”的撒手锏，集中精力专注备考老家的事业单位考试。

在炎炎夏日的炙烤下，我怀揣着对家的深切渴望，汗水浸透了

衣衫，却也未能浇灭我备考的热情。日复一日地备考，只为参加那一次次竞争激烈且希望渺茫的考试。每一次的艰辛与痛苦，我都只能默默承受，咬紧牙关坚持着。这一切，都是为了心中那个坚定不移的目标——回到温暖的老家，结束漂泊不定的生活。

长途跋涉赴考和不懈追求后，我终于迎来了人生的华丽转身，成功上岸，成为一名老家县城的公办高中教师。然而，现实之复杂，远远超出了我最初的设想。刚到学校，我就被学生们的学习态度所困扰。他们基础薄弱，课堂表现缺乏活力，这让我感受到了前所未有的无奈与挑战。此外，家庭的经济压力也让我深感愧疚，父母为了帮我在县城买房安家，不得不四处筹款。为了摆脱困境，我又一次启动“出逃计划”，决心从十八线小县城的束缚中挣脱，向着更广阔的天地进发，追寻更理想的职业舞台。

2013年4月，我经历了一场惊心动魄的“赶考记”。南宁市的考场上，我刚刚结束了一场紧张的考试，便立刻马不停蹄地踏上了通往广东的征程，准备迎接次日那场规模宏大、竞争激烈的“千人大岗”挑战。考场的封堵、列车的延误，以及那一夜的无眠煎熬，几乎将我推向崩溃的边缘，泪水在眼眶中打转。然而，我最终还是紧咬牙关，坚持完成了那天的考试。在内心深处，我默默立下誓言：无论结果如何，这都将是我“最后的战役”。我决心不再让自己的生活像过山车一样跌宕起伏。

念念不忘，必有回响。2013年的教师节那天，我如愿以偿地华丽转岗，远离了家乡，迎来了梦寐以求的诗与远方。历时4年，我总算撕掉了“跳槽狂人”的标签。

这一次次成功“出逃”，背后都来自我内心深处对美好生活的向往，对自我价值实现的不懈追求。

勇气，是梦想的翅膀。它赋予我们跨越障碍的力量，让我们敢于追求那些看似遥不可及的诗与远方。勇气不仅仅是面对困难时的坚持，更是在逆境中寻找希望，将不可能变为可能的力量。只要心中有梦，眼里有光、脚下有路，勇于挑战，诗与远方并不遥远。

03 行动的力量：有行动，终能翻盘蜕变

踏入广东的职场，我一度沉醉于那种安逸的温室环境，渐渐失去了往日的斗志。岁月在自我安慰的借口中流逝，7年青春被无知地虚度。我沦为惰性的俘虏，生活如列车般单调无波。直至2020年部门整合的风波，打破了平静，一场大会上的无端指责，尖锐如针，刺痛我心。我原以为选择沉默，可以息事宁人，但最终换来的反而是变本加厉地被按在地上“摩擦”，尊严被无情地践踏。

在随后的日子里，我发现自己被无限边缘化，我的工作成果总被忽视，正常合理的休假不被允许，开展工作时处处针锋相对。更令人难以忍受的是，时常有人在背后散布关于我的不实之词，让我的形象受损。我曾试图寻求调岗来作为逃离困境的一步妙棋。然而，领导断然拒绝。这如同一记沉重的打击，让我的心情跌入

谷底。

每当夜幕降临，万籁俱寂之时，那些尖锐的指责和无情的谩骂，像幽灵一般萦绕在我的耳畔，它们不请自来，挥之不去。我在床上辗转反侧，心中的波澜难以平息，那些话语如同一根根刺，刺痛着我的灵魂，让我夜不能寐。但正是这些不眠之夜，点燃了我内心深处的火焰。

我开始反思，为什么自己会成为被欺负的对象？为何我只能无奈地接受他人给我的命运安排，而自己却无法拥有对自己命运的掌控权和话语权呢？我再也不能一直这样忍气吞声，我必须改变，要让自己的声音被听见。逃避或许能带来一时的安宁，但只有面对，才能真正掌握自己的命运。

于是，我着手绘制属于自己的人生蓝图，精心制订了一系列详尽的变革计划。我决心变得更加强大，积累足够的底气，真正拥有敢于拒绝的资本，以及在必要时勇敢离职的勇气。

我决定通过阅读来拓宽视野，通过参加培训来增强专业能力。然而每当拿起书，我的内心就充满抗拒。想读书，却难以自律，这让我陷入焦虑的生活状态。

每当夜深人静，我坐在书桌前，书本上的文字仿佛就在嘲笑我的无能。我想放弃，但脑海中突然浮现出曾经被“无端欺负”的场景，又再次激起了我内心深处的斗志。

我想起了自己的目标，我渴望被认可，渴望在职场上有所作为。于是，又深呼吸，重新拿起书本，逼着自己一字一句地读下去。通过设定小目标，每读完一章，就给自己一点奖励。慢慢地，我开始享受阅读带来的乐趣，享受知识赋予我的力量。

通过调整不规律的作息和不良的生活习惯，用健康的饮食和充足的睡眠为自律打下坚实的基础。我排除了社交媒体、视频等干扰因素，为自己创造了一个有利于专注和自律的环境。

随着时间的推移，我发现自己不仅在知识上有了积累，在心态上也有了转变。如今，我已养成了每天5：45早起的习惯，现已无痛早起1500天。通过不断学习和自我提升，我在职场上也展现出了新的风貌，不仅实现了年阅读量达100本书的“壮举”，还被区里评为“百姓学习之星”。职场霸凌在我的坚定和能力面前逐渐消散。我从职场的边缘走向中心，实现了华丽蜕变。

行动，是梦想与现实之间的桥梁。它证明了我们的决心，是我们翻盘蜕变的关键。每一次行动，无论大小，都是向目标迈进的一步。只有通过行动，我们才能将梦想转化为现实，实现自我超越。

在人生的旅途中，我们不可避免地会遭遇低谷，但正是这些低谷，塑造了我们坚韧不拔的性格。在逆境中，我们要学会寻找希望，从挫折中积累经验，从失败中汲取教训。因为真正的力量源自内心的光明，每一次跌倒都是成长的机会。

在低谷中，我们要学会感恩，感激那些在困难时刻给予我们支持的人。我们也要学会自我反省，重新审视目标和梦想，调整步伐，但不要放弃追求。这些经历，虽然痛苦，但它却能成为我们最宝贵的财富，让我们更加坚强和智慧。

亲爱的朋友，让我们以梦想为灯塔，以勇气为风帆，以行动为桨，勇敢地航行在人生的海洋。即使在最黑暗的夜晚，也能找到属于自己的星光，照亮前行的道路。让我们一起，做自己人生的首席设计师，设计成为更好的自己，让生命因自我实现而焕发无限光彩。让我们的每一步都坚定而有力，共同书写出辉煌的篇章。

周丽辉

成瘾在左，成功在右

二级心理咨询师
国际注册戒瘾辅导师
戒瘾心理咨询师培训老师
成瘾者家庭系统支持疗法创立者

如果在孩子没出事之前，有人告诉我“未来你会成为一名戒瘾心理咨询师”，我是绝不会往这方面想的。直到午夜的一个电话，彻底颠覆了我的人生。

01 职场与家庭：一段失衡的生活

当年的我，意气风发，刚刚辞去了外企副总的职位，投身于新兴的保险行业。从只身一人到带领一支队伍，我的领导风格是“伙伴们，跟我冲”。凭借强大的学习力和行动力，我的个人业绩遥遥领先，带领的大几十人的销售团队总是公司利润最高的团队。20世纪90年代，我就学习并拥有了北美注册理财规划师资格。

年复一年的冲刺工作，生活变成了固定的模式：早起职场开早会，各种考核，完成任务，表彰颁奖，再定新指标。周而复始，成了工具人，生活中全是实用价值的活动，不知何时起，琴棋书画淡出了我的生活。

当我顶着星星归家时，孩子已经睡了。同在一个屋檐下生活，母子俩连碰面说话的机会都少有。我永远记得在一次工作会上，有位同事说：“经理，那天晚上我打电话到你家，你儿子接的，他奶声奶气地说：‘阿姨，你们不要给我妈妈那么多工作，让她早点回家，不要总是在我睡着了才回来。’”同事的话让我的泪水夺眶而出，我很自责没有满足孩子对陪伴的期待。

生活的机械化让人焦躁，快节奏的生活让人不安，人们追着赶着向前跑，生怕落后了，会失去什么。人们不再花时间为纷争停留，也不想修复裂痕，夫妻感情不同频了，轻易就会放手。我的婚姻也是这样，在不争不吵中解体了。孩子无法接受家突然就散架了，跟爸爸？还是跟妈妈？这样的选择逼得他快崩溃了。孩子应对内心崩溃的做法是：放学不回家，藏在网吧玩命打游戏。小阿姨找不到他，害怕得直哭。思来想去，我把他送进了寄宿学校。

我以为孩子到寄宿学校，不用天天操心他，就把全部精力投入职场，短时间内冲刺事业高峰，实现一劳永逸。

02 止咳水之谜：意外挑战与应对

2004年9月的一个午夜，在海边带领团队团建的我，突然被刺耳的铃声惊醒。电话是儿子的老师打来的，他惊慌地告诉我：“你儿子深度昏迷，快过来。”

连夜赶到医院，急诊科医生告诉我：“孩子昏迷不醒，我们查遍了所有指标，但原因不明。正在做尿检。”尿检结果出来呈阳性，医生严肃地说：“孩子吸毒了，需要转到戒毒医院。”

“不可能！这绝不可能！我儿子不可能吸毒。我不同意转院。”

我坚决地回答道。儿子的底线，我非常清楚，他可能调皮捣蛋，但绝不会越雷池一步。可为什么他的尿检结果会呈阳性呢？这时，我注意到急救室里还有一个男同学，于是我和他的父亲达成共识，趁孩子们昏迷把他们分开，醒来就开始“审问”。没想到，两个孩子给出的答案竟然一模一样：喝了止咳水。

这个答案让人丈二和尚摸不着头脑。谁没喝过止咳水？谁喝了止咳水会昏迷？后来，还是孩子告诉我事情的经过：原来在开学聚会上，有人偷偷拿了止咳水，挑衅地问谁敢喝“大力水”，几个想耍帅的同学经不起言语刺激，就喝了。半夜时分，同学们都入睡了，喝了的同学则出现幻觉，溜出宿舍后晕倒在操场上，幸好被宿管老师发现并及时送到医院。

当时的我没有足够重视这一情况，只是单纯地认为寄宿学校的校风不好，把孩子转回深圳就读好了。那时候，我还没有认知到人的行为背后，有着深刻的心理动机。

回深圳上学后，孩子发现这边的同学也喝止咳水。他也偷偷继续喝。直到有一天，他发现自己尿血了，他惊慌失措地叫起来：“妈妈，你快来，快来看，我是不是要死了？”看到鲜红的血，我突然感到一阵强烈的晕眩，晕血的大脑差点让我失去平衡，我强撑着提醒自己不能倒下，孩子在旁边看着。我稳定了一下情绪，对儿子说：“别怕，没事的，可能是毛细血管破了。妈妈以前也流过鼻血，怎么都止不住，到医院后，医生检查说没事，是毛细血管破了，儿子，你可能也是一样的情况，只是尿道毛细血管破了，你别怕，有妈在。”

03 改变：从成瘾到新生

我不明白为什么孩子喝止咳水会上瘾，当时，网上不容易找到相关资料。无奈之下，我只能四处搜寻，一点点地抠论文，从论文里的注释到参考书籍，任何一丝相关的痕迹都不放过。最终，我找到了关键词：止咳水、精神活性物质、成瘾。

一天，我在阳台看书，儿子蹭到身边说："妈，你去上班吧。""不去。"我很干脆地回应道。"妈，我现在这样，你上不上班，对我都于事无补了。对你而言，职场，才是你展示才华的地方。"儿子幽幽地说道。

孩子的话，让我心酸起来，自责不已。在儿子心中，他没有考虑自己的痛苦，反而认为妈妈展示才华更重要，我的心霎时绞痛起来。

"儿子，如果没有你了，妈妈上班还有意义吗？在妈妈的心中，你比上班重要多了。"我心平气和地对儿子说。儿子听了，没有接话，默默地退回了房间。过一会，他返回来说："妈妈，试试吧，我们试试自己戒。""自己戒？自己怎么戒？妈妈不懂。"我老老实实地回应。

"不懂可以试，你愿意试一试吗？不过，你要信任我。"

"那当然，那当然。"

绝望，并非世人所理解的毫无希望之境，实际上，它只是对过往的破灭；绝望，是给人升维解决问题的机会。一个家庭，当孩子的精神层面超越了父母的认知，并能主导时，这个家庭便洋溢着勃勃生机与无限希望；反之，若父母处处彰显权威，贬损孩子的创造力，家庭则将步入衰败之路。回顾往昔的关键时刻，我庆幸自己都信任了孩子。人生中，如果你犹豫彷徨了，不妨回归初心，坚信初心的指引！自有力量带你向前走。

因为淋过雨，所以想为他人撑伞。他说："妈，我们宣传一下，让更多对止咳水上瘾的人知道上瘾是可以戒掉的。""好"。于是，青少年药物成瘾关爱中心诞生了，它叫"点点"。

04 以梦为马：你就高飞吧

2012年，全国第一届慈善展览会在深圳召开。在那个流行宣传单的时代，"点点关爱中心"以情景剧形式横空出世，迅速走红。仅仅10天，我们就完成了剧本创作、演员招募以及剧务筹备等工作。当"救救孩子"情景剧首次亮相时，立刻火遍全场，一传十，十传百，"点点关爱中心"的名字迅速被更多人知晓。

央视也注意到了这一现象，派出导演和摄像团队进行私访，男摄影师在衣服上别着针孔摄像头。我们走访了街头巷尾的小卖部，暗中调查药贩，夜访游戏机厅，深入访谈成瘾者及其家长，听着那些血泪哭诉。刚做妈妈的女导演难过不已：在南方的这片土地上，止咳水上瘾已成大患。

经济改革初期，商人逐利心急，贩卖止咳水成为暴利行业。那时没有法律约束，市场一片混乱，管理无法可依。要有效治理这一乱象，必须要有重典出手，才能斩断魔爪，法律必须成为锋利的剑。央视12套法制栏目播出了《危险的止咳水——救救孩子》，这一节目的推出间接加速了立法进程。当年，我荣获国家禁毒委颁发的“第三届全国十大民间禁毒人士”荣誉。

2015年5月1日，公安部、国家市场监管局、国家药监局三部门联合发布声明：将含有麻黄碱、可待因成分的止咳水列为二类精神药品。用老百姓的话来说，就是再贩卖含有以上成分的止咳水就等同于贩毒，贩毒将会受到极刑的惩罚。公告发出的当天，大街小巷的止咳水瞬间消失得无影无踪。

接着，我们推动心理咨询进戒毒所。除了传统的个案心理咨询，还引入艺术治疗，如圈鼓治疗、园艺治疗、手工治疗、绘画治疗、音乐治疗和叙事治疗等后现代团体治疗活动，效果明显。

2018年，我随中国药物滥用防治协会专家和相关部门的领导，到维也纳联合国总部邀约国际同行来北京参加IFNGO第82届全球药物滥用防治大会。在2019年IFNGO全球会议上，我做了有关中国文化下成瘾青少年的家庭治疗的主题演讲，会后，接受禁毒网采访。

经过近20年在治疗成瘾领域的深耕细作，我们在专业能力、师资团队以及训练实习上都做好了充足的准备。戒瘾心理咨询师的培训计划已箭在弦上，期望通过在治疗成瘾领域的培训，培养出更多的戒瘾专业人员。同时，我们希望为深受成瘾痛苦困扰的人，点亮希望的微光，刺穿绝望，重新接续梦想。

从不见星光的深坑一点点向上攀登，擦伤留下的斑驳血痕，早已化作生命的顶灯，时刻照亮人生历程，人生从来就没有什么不可能，不可能，只是人们过去的浅尝辄止；不可能，是前人留给我们拨开蒙蔽的宝贵机会。只要你不认输，跌倒，就只是身体倒下的姿势，你的信念并未被击败！无论你曾经有过怎样屈辱的姿态，哪怕是仰面躺摔、摔成狗啃屎，摔得泥血不分，最终，只要你振翅高飞，曾经的所有姿势，都将成为你人生起飞前的助跑，它们构成了人间最炫、最美的画卷。

方楠岳

敢于行动：
打破职场内耗，回归真正人生

人大经济学博士
美国前 10 商学院硕士
世界 500 强企业管理岗

时光悄然流转，不知不觉间，我已步入不惑之年。回首往昔，求学之路可谓一帆风顺。硕士毕业于美国排名前10的商学院，本科和博士学业则在国内985高校完成。毕业后，顺利进入一家世界500强的大型央企，又与心爱之人携手步入婚姻殿堂，并有了可爱的孩子。一路走来，仿佛人生赢家，我对未来充满热情与希望，觉得生活大抵如此，下一步便是为升职加薪、车子房子奋力拼搏。那时的我，以为人生便是这般模样，大家也都如此度过。然而，我的浅薄认知，早被生活洞察。生活似乎见过太多如我这般的人，一声冷笑后，备好无尽冷水，远远斜靠在前方，伺机一盆盆泼来，让我见识真正的人生。生活为何如此？是想浇灭我的热情，还是想让我体悟真正的人生？答案，唯有自己去探寻。

01 初入职场心迷茫，老油条欺苦难当

初入职场，日子清闲。每天下班后，便是追剧时光。为追《甄嬛传》，我和妻子特意买了高清光盘和播放机，每天精心准备小菜，炖鱼加餐，饭后还有水果、瓜子、薯片等零食。这一切，只为晚上能尽情享受追剧的快乐。可追了一段时间后，空虚感悄然袭来。于是，我开始看书，考从业资格证，同时锻炼身体。看似上进的安

排，实则只是为了填补空虚，我并不知其意义何在。内心深知这种迷茫的状态不对，却又不知正确之路在何方，只能暂且如此。我只明白，做总比不做强，学总比不学好，先行动起来再说。

好景不长，很快我就迎来职场老油条给我上的第一课。

入职后，我与老罗（化名）一组，负责将业务资料录入系统。老罗已有10年工作经验，却以教我之名，将最烦琐的工作全部分给我，自己则躲在一旁摸鱼。在公开办公区，他的电脑背对着主管办公室，主管不在时，他逛论坛、看新闻、刷手机，主管一出现，迅速切屏到工作界面。有下级公司送业务，他便明示或暗示都让我处理。那时的我，不好意思拒绝，只能加班加点完成。年底考评，老罗竟比我高一级。我虽气愤，却不敢当面与他开撕，也不敢向主管告状，怕刚来影响不好，只能憋着。严重时，回家吃下火药缓解，也在那时，甲状腺结节开始出现。长时间坐着录入系统，颈椎、腰椎也疼痛起来。

入门课程刚完，升级课程接踵而至。

凭借勤奋吃苦，我在职位上多次晋升。本以为升职会带来快乐，却发现新岗位更多的是折磨。有一年，我被调到一个部门担任负责人，这个部门有一笔重大风险业务需处理。业务如何处理，直接影响部门负责人和多个领导的职业发展。我别无选择，只能积极处理。每天加班到晚上12点不说，最难的是公司一把手和二把手意见不合，到了针尖对麦芒的程度。我不知该听谁的，如何处理，这成了最难受的问题。最终，业务虽被妥善处理，降低了公司的损失，但无法兼顾所有人的利益，免不了得罪人。第二年，我被公司找理由取消了进一步晋升的机会。

在工作面临巨大挑战的同时，我发现妻子不再像从前那样理解我。她看不到我的辛苦，只抱怨我对家里付出少，对孩子照顾不够。几次鸡毛蒜皮的争吵，让婚姻几近崩溃。身体和精神的高负荷，让我除了颈椎、腰椎疼痛加重外，体检时各项指标也严重报警。医生用看怪物的眼神问我："你是从来不休息吗？"然后扔下一句："别要钱不要命。"

从懵懵懂懂，到被生活吊打，我渐渐品味到生活的味道，也看到生活露出那丝狰狞的笑容，满是得意与鄙视。

02 职场困境惹人愁，反求自身解烦忧

身体的预警，让我瞬间停下脚步，冷静审视自己和生活。我不想英年早逝，我的生命不止于此，我的心底还埋藏着梦想，肩膀上还肩负着使命，虽然当时这一切并不清晰。

我开始反思，这些年如此努力，为何换来一身病痛？这样到底值不值？工作多年，真的快乐吗？生活似乎带来的只有无尽烦恼。高中时，以为上大学就好了；大学时，又盼着工作后能轻松；工作后，却发现挑战不断，压力无穷。本以为职位提升就万事大吉，结果发现并非如此。人生的苦难，一轮接着一轮，仿佛没有尽头。问

题究竟出在哪？人生就如此索然无味？最终只是来受苦的吗？带着这些疑问，我立刻行动，大量阅读书籍，希望从中找到启示。《西藏生死书》《道德经》《传习录》等，一本本读下去。直到一个周末午后，坐在写字台前，我突然意识到，当觉得整个世界都有问题，一切都与自己作对时，一定是自己的内心出了问题，是自己对待世界的方式不对。我无法改变世界，只能改变自己的内心。我应关注内心，而非盯着别人；应向内求，而非向外看。

比如初入职场，我只关注老罗是否好好干活，工作分配是否公平，却没关注自己是否学到东西，是否有成长。也没思考自己为何不敢当面指出他的问题，不敢向主管举报。又如领导间不合时，我只权衡自己的利益得失、会得罪谁、领导怎么看我，却从未关心自己为何有这么多担心和私心杂念。

思来想去，这背后无非是“名利”二字。因名，不敢与职场老油条抗争，选择忍气吞声；因利，在领导冲突中纠结痛苦，举步维艰。为了名利，我以没时间为借口，放下书本，三天打鱼，两天晒网；为了名利，停下锻炼身体的步伐，忍着身体不适，持续透支；为了名利，一次次在元旦立下读书、健身计划，又在春节前放弃。周而复始，止步不前。

名利，如一把枷锁，牢牢锁住我的心和手脚，让我在生活、挑战面前毫无还手之力。发现问题所在，我抬头望去，生活依然斜靠在那里，但目光中的嚣张似乎收敛了一些。

03 持续行动磨自我，人生蜕变绽光芒

看破名利，打破枷锁，成为我解脱的方向。我深知这绝非易事，必须持之以恒、全力以赴。看到巴黎奥运会上为国争光的健儿们，从小刻苦训练，整日泡在训练场，专注拼搏才取得成果。反观自己，人生几十年，除了高考寒窗苦读，十年磨一剑外，其他事情多是浅尝辄止，兴奋劲一过就放弃。这种浅层次的付出和行动，根本无法收获真正的成果。

我拿起学了多年的阳明心学，告诉自己不能只是偶尔在事上练、偶尔拿来用，要持续打磨自己，在每件事上致良知。我给自己定下明确目标，每天写一篇文章，反省自己的不足之处，之后积极改正，至少坚持一年。我要看看到底能把自己打磨成什么样。

这一写，就是一年多。春节、国庆长假、生病、工作忙都不再是借口。大年初一，给长辈拜完年，我第一件事就是写反省。国庆节为了出去玩，提前写3篇储备。总之，千方百计保证每天一篇。哪怕有时只是走形式，也要做，因为做总比不做强，行动总比不动好。

持续反省，滴水穿石的功效逐渐显现。我能更好地觉察自己的动心起念，分辨哪些是理性决定，哪些是情绪和欲望驱使。做事时，能觉察到是否有名利心作祟，一旦觉察，就不会轻易被其驱

使。名利这个曾经深藏心底的对手，从幕后显露到台前，从暗箭变成明枪，从不可战胜变成互有胜负。

持续写作反省，为我注入精神能量。这时，第二个机会来临。

春节时，亲戚见我身体不佳，建议我跟他练习打坐。经过对方两个小时的讲解，让我对打坐有了全新认识。原来，打坐比走路、慢跑消耗热量更多，能加快气血循环，打通体内瘀阻经脉，让身体恢复健康状态。而且打坐要领并不难，难的是持续练习和有人指导。

我觉得这简直就是为我量身定制，于是毫不犹豫地拜亲戚为师，并且当天就开始练习。我告诉自己，要抓住机会，练就要练到底，绝不能半途而废。从单盘到双盘，从10分钟到30分钟，再到一小时，有时腿确实很疼，但我知道必须行动到底。身体在一次次坚持中得到意想不到的收获，双腿的筋变得柔软，腰椎、颈椎疼痛减轻，睡眠质量也提高了。有了正反馈，我练下去的决心更加坚定。

此时，如果有人问我是否为一件事拼过，我可以骄傲地在高考后加上践行心学和打坐两项。更重要的是，我养成了勇于行动的好习惯，它可以帮助我做成更多事情。

再次打量生活，发现一束暖光照在它身上，充满善意地对我微笑，身体依然斜靠在那里，手里依然拿着一盆冷水。

人生的意义究竟是什么？这个大问题，在我持续行动中渐渐显露出真容。践行心学和持续打坐让我收获颇丰，把这些内容传播出去，让更多人受益，是不是很有意义呢？猛然间，我感到肩膀一沉，那埋藏多年的人生意义和潜伏许久的使命呼之欲出，弘扬中华优秀传统文化，这值得用一生去做。

于是我开始新的行动，从零开始学习，将自己所学做成短视频、录成课程。虽然在自媒体领域我是小白，但我知道行动的重要性，要敢于“先上车再补票”，不能瞻前顾后。当看到粉丝的关注和互动，看到能给他们带来帮助时，那种喜悦无法言说，让我感到生命充满力量。

生活充满无常，挑战不断，变化无穷。我们要做的不是无尽思考，而是拿出行动的勇气。只要方向大致正确，就大胆、果断、持久地行动。生活随后给你的，会远超你的想象。

澜儿

晚开的花也有春天，一个晚熟人的心灵奇旅

晚熟人俱乐部发起人
心理咨询、天赋挖掘师
深耕 16 年，拥有千例成功个案

提笔写这篇文章时，我刚从昆仑山游学归来，耳畔回响着《我的楼兰》的旋律。正所谓“念念不忘，必有回响”，我仿佛听到了内心深处的呼唤，圆了去新疆寻根及出书的梦想。

或许因为名字中带“静”字，我自十五岁起便陷入了近二十年的自闭状态。然而，对大海的热爱，让我以“澜儿”为名，为自己设立心锚，重新扬帆起航。

我的前半生，用传统的时间节奏来描述，便是超级晚熟。因为难产体弱多病，我的成长之路充满了挑战，父母整日吵架并想尽办法要二孩。因数学成绩不佳而被父母改志愿，梦想破灭，陷入自闭。十五岁那年，我作为知青子女被父母送到上海。在上海没房住、不会说上海话的我几度被学校和亲戚赶出，搬家数十次。三十三岁那年，我终于走出自闭，却在婚介所遭遇了一连串的打击，被骗光所有钱后陷入了人生的第二次低谷。

作为一个晚熟的人，我是如何翻转这一切，成为心理咨询师、旅行达人的？我又是如何将晚熟视作礼物，筹备晚熟人俱乐部的呢？

01 在自我疗愈中开启行动力

出生在教师家庭，从小被圈养在医院、体弱多病的我显得不太合群，但我酷爱诗词，每当父母争吵或者被人排挤时我都会拿着一首诗读给大自然听，算是自创的诗歌疗愈法。

后来我在上海流浪时自学速记英语的天赋被一个贵人发现，开办了特殊儿童速记班，我发现游戏故事法用在儿童心理沟通上也比较有效。这十年间，我不仅自学了大量心理学基础知识，同时也考取了心理咨询师、婚姻指导师等证书。

经历了几段痛彻心扉的恋爱后，以及在陪伴孩子成长的过程中，我发现特殊儿童都有一个特殊的家庭。怪不得我跟孩子缘分这么深，原来陪伴他们就是陪伴童年的自己，我意识到，原生家庭的亲密关系才是一切问题的根源。在双重动力的驱使下，这几年我开始了疯狂的“课虫”之旅。不是在上课就是在上课的路上。与此同时，通过大量阅读与晚熟相关的书籍及励志人物的故事，我发现自己并不孤独。许多晚熟的励志人物，他们的童年都经历过不为人知的坎坷。

从无知到知晓再到实践，从清理、释放到转化，最终达到本自俱足的境界。这是一个慢慢爱上自己的过程。虽然我上过那么多课，但真正让我完全转化的还是“一万倍把自己爱回来”的行动计划。

02 一万倍把自己爱回来，成为真正的疗愈者

早年自闭的经历让我的身体仿佛被冻结，但我深知，唯有借助身体的智慧，方能解锁潜意识，让身体成为知晓答案的钥匙。

回望童年，那些体弱多病、和父母争吵的画面，依旧在我的心灵深处回响。每当周遭再起争执，我的心弦便不由自主地颤动起来。然而，正是这份与身体每时每刻的亲密相伴，使我得以贴近内心那个小孩，倾听他往昔的呼唤与渴望。

我人生第一次学会自爱，与十六岁时在上海偶遇的另一位作家贵人息息相关。有一次，我半夜遭遇盗窃，她见状后，将众人施舍给我的旧衣物悉数丢弃，转而赠我一套全新衣物，并告诉我：“你很优秀，很有才华和潜力，值得接受这个世界最美好的一切，失去的一切都可以再创造。”

面对爱中的羞耻感，是最艰难的挑战。在一次全息亲密关系心理剧场中，过往的伤痛如潮水般涌来，我放声大哭。老师的引导让我学会让这些感受被看见，当我勇敢地与这股力量对话，它逐渐变得柔软，最终消散。我学会了，越是畏惧之事，越需要与之沟通。真正的爱自己是悦纳内在小孩最柔软的部分。

在另一场财富心理剧场，我更是大胆成功拍卖了自己的绝活，突破了不敢谈钱的羞耻心。

彻底地爱上自己，放下比较之心，是我通过多种天赋工具探索后的深刻领悟。

我意识到，过去的自闭与社恐，是我独特天赋的一部分。前半生的晚熟与坎坷，仿佛是为后半生普照大地做的准备。当我以臣服之心看见、迎接并体验这一切时，创造力如泉水般涌现，生生不息，一念即达。

往昔岁月我常跟少年得志的人比较，认为：“我掉队了。”但对晚熟者而言，自爱即顺应生命节奏，放大内心愿力与美好感受。上半年，我沉浸于《我的楼兰》这首音乐，它勾起我童年心动的瞬间。我遵循初心召唤，种下心锚，以此深情祈愿。未料一念即达，以写书与新疆游学的形式同时实现了！

在筹备“晚熟人俱乐部”这段时间里，我咨询过两位自媒体老师。她们一听这个名字，就立刻说这个方向不好，肯定不赚钱。在我差点想放弃的时候，我把手放在自己的心上，忍不住哭了。我想起了早年生命中的贵人对我说过的话，想起了自己每天都在坚持做的事情，想起了晚熟人个案给予我的支持。每一个细胞都在舞动，果然，这个念头为我带来了资源。在一个活动上，我分享了自己的故事和想法，立刻就有人来找我咨询，说这样的人其实有很多，并给我提供了很多宝贵的建议。

03 从一千例个案中得到行动的力量

我的心理咨询是我与个案共创的艺术疗愈之旅，虽沉浸心理学多年，但因为原生家庭功课比较多，所以迟迟不敢接手个案。

2016年，我参与了一场技能变现PK赛，仅做了简单的自我介绍，却意外被要求进行天赋个案解读，竟获十人发红包鼓励。随后真正开始定价是从随喜开始的，是在心理学群组中随机回答问题，吸引众多人加微信。作为晚熟人，我吸引的个案也是各色晚熟人，包括大龄单身者、宝妈，甚至退休的护士长。

记得有一位宝妈私信我，表示学了很多课程仍迷茫，希望我为她画思维导图并推荐课程。听到她的懊悔与无奈，我深感当一个人未找到自己时，学再多也只是浪费时间。学而不行动，如何从知到行?

学的再多，也要聚焦自己并在生活中实践。因此，我重新设计了个性化定制的个案，根据天赋探索潜意识的资源和潜力，并在此基础上进行生活中的落地行动陪伴。

有位合作一年多的晚熟个案，因离婚触发了分离焦虑的依恋模式。她曾找过三位知名咨询师，但效果不佳。在我的启发下，她看到自己内心封闭的感受源自与父母关系未分离后的自我。她意识到，亲密关系是原生家庭关系的投射，真正的爱是无条件的信任和放手。很多晚熟人的父母也是晚熟人，这或许是共业。看到这一点后，如何疗愈？依然是身心的流动。随着身心慢慢被打开，她父母的态度也发生了变化。带着好奇心看见这些伤痛，它们就会转化，如同冰化成水的过程，露出清澈灵动的模样。我内心的同频部分也同时神奇般地共振松动。每做好一个个案，我内心都特别感动。所以，好的个案是可以同频滋养的。在陪伴她们的过程中她同时也在陪伴自己的内在小孩。

还有一位宝妈个案，她与老公长期冷战，误会深重。在七夕那天，我指导她给老公写了一封信，之后他们的关系得到了很大改善。这证明，在关系中，主动的那一方是引导关系流动的关键。一旦关系开始流动，原本卡住的部分就会松动。另外，还有一位大龄单身女性的母亲找到我，我看了她女儿的几个天赋后，与她进行了深入沟通，最终帮助她放慢了焦虑的节奏。

很多个案说我极其擅长带他们“在玩中自愈”，通过融合多种情绪释放和潜意识探索工具，用润物细无声的方式帮助他们找回自我，发现内心真正的力量。更重要的是，可能因为自己也是晚熟人，所以更能读懂她们内心的期待和渴望吧。

04 爱是一切的答案

我发现，爱自己的仪式感常与大自然紧密相连。早年自闭、受人排挤时，我常在户外放声朗诵诗集，将秘密倾诉于自然。学习心理学后，我已独自游学近三十座城市，每处风景都蕴藏着别样风情与天然的疗愈力。

武夷山之行，大雨后大自然的重生生命力令我震撼，峰顶彩虹更添神奇。创业者游学活动上，我借武夷山高频能量，即兴演讲。未料即兴演讲以第二名的成绩获得雷鸣般的掌声，瞬间回到十岁那一年舞台上的高光时刻。

新疆寻根之旅，是我与出生之地的约定。我的人生、心理学之路，皆与这片土地息息相关。在昆仑山上打坐、在茶卡盐湖上邂逅极光，忆起童年与父母一同滑冰的温馨时光，泪如泉涌。

游学归来，我借高频能量与父母沟通，渐渐理解我对他们的影响。想起李中莹老师当年免费为我做了十分钟个案，思及妈妈生我之不易，顿时泪流满面，对生命充满敬畏。

妈妈当年作为上海支边青年吃了不少苦，虽然是老师，她当年把青春都献给了她的教育事业，也曾是个内心无力的孩子，而且那个年代及难产带给她的无奈焦虑，我如今随着不断成长终于理解释然了。一个深耕金刚种子的老师说的“你的父母也是你种子的选择”，更让我对生命充满敬畏、感动和感恩。

我感谢自己在人生不同阶段遇到的所有的贵人，我感谢生命的安排，也感激父母的特别之爱。我惊叹自己生命力的顽强，不再因晚熟而看轻自己。

这便是我，一个晚熟人的心灵奇旅。我曾因与早熟人比较而感到焦虑与自卑，但如今我明白，在自己的生命节奏里，永远没有“晚”这个字，只有“要不要”。每朵花都有不同的花期，暂时晚开并不重要。重要的是在你的花期里，你是否珍惜自己的生命，是否拼尽全力怒放过。

正如莫言所言，晚熟人虽开窍晚，但厚积薄发，拥有一颗赤子之心及澎湃的生命力。

我想说，晚熟是宇宙送给每个晚熟人的最珍贵的礼物。只要你有足够的愿力重启你的生命，那么未来每一天都有无限的可能。

未来，晚熟人俱乐部会陆续在线上线下开展各类活动。所以如果你也是晚熟的人，欢迎和我一起书写创造未来的生命奇迹。

王丽红

一个农村女孩的华丽蜕变

实体店创始人 IP

01 父母的勇气教会我们承担肩上的责任

我出生在湖北省孝感市孝昌县一个偏远贫穷的山区，那时候我们要走出来就要翻过一座又一座大山，关键那时候道路都是不通的。

大家都知道，越偏远的地方，思想越落后保守。很不幸，我就是出生在这样一个封建守旧的村子里。在村子里谁家儿子多，谁家就有头有脸，走在村子里就是大家羡慕的对象。特别是大年初一拜年，家族大且男孩多的那个拜年队伍特别壮观，而家族里男孩少的就显得孤立无援，连商量什么大事的人都没有。当时，女孩子是没有插嘴的机会的。

但我们那里大部分女孩内心都有一个声音告诉自己，女孩也可以很优秀，也可以给家里分担很多。其实父母想要的不是简简单单的防老，而是为了家族延续香火。儿子不仅是他们的面子，更是他们的脊梁，也是他们未来的根。虽然生在偏远的农村，但他们的使命感特别强，以前经常吐槽他们思想保守，传统顽固不化，现在才明白他们身上背负的责任是多么重大。

儿子有儿子的责任，姑娘有姑娘的责任，各自的使命是不一样的。我父母那一代，敢于为了要儿子而生那么多孩子，不管姑娘也好儿子也罢，他们都用自己朴实的行动证明了自己的选择，养活了一大家子人。他们的勇气和担当到成年后我才真正体会，他们用行动去担起了他们的责任，把我们养得好好的，而且在那么艰难的条件下还供我们读书，特别难得。

02 既然选择了，就要风雨兼程

在小时候我特别爱学习，目标就是要好好读书。因为我知道，只有读书才能改变自己的命运。上学时父母太忙根本没时间管我们，但我却是家里的乖乖女，回到家会自觉地写作业。可是在世俗眼里，只有男孩读书才是正道，女孩子就是嫁出去的姑娘，泼出去的水，读那么多书没什么用，而家里的姊妹多，条件又差，但我父母和家人依旧给了我读书的机会。记得那年考我们县一中不知道差几分，报名时父亲用布袋包了一沓钱在胸口捂着，在拥挤的队伍里排了很久的队才给我把名报上。当时我的心颤抖着想：我将来要花多久的时间能把这个钱给还上？这更坚定了我要好好读书的信念。

我特别珍惜来之不易的读书机会。记得当时在学校因为考试成绩优秀获得学校奖励的一个奖状和一支钢笔，当时别提多开心了。它是我努力学习后的见证，后来我始终喜欢用钢笔写字，还特别喜欢看书，收藏书籍、钢笔、邮票、报纸。我想我长大一定不是老师就是文字工作者，可是造化弄人，大学没上完我就因为一些特殊情况休学，结束了我的学习生涯。

小时候我特别喜欢运动，当别的同学报兴趣班时我却报了体育。在学校我引以为傲的点就是体能好。那时，我特别佩服自己，个子小小的却有大大的能量。我记得有个周末我们进行体能训练，在操场上用一根粗的橡皮绳拉着一个轮胎围着操场跑，我当时感觉太累了，又晒又累。心想：为啥其他女生都坐在教室选择绘画和音乐，那么淑女文雅，而我却这么狼狈？最后跑了几圈教练还在轮胎上放一个二三十斤的大石头，十来岁的我当时真的好想放弃，但当我放慢脚步时，那个橡皮绳有股弹力就把我往后拉，你拉扯不赢它时，它就直接把你拉回原点，最后你不得不加把劲坚持跑下去，超过它的力度，最后你才能战胜它。

这个事件在我学习记忆里特别深刻，做任何事，不要轻易放弃，放弃了你就会回归原点。

03 从打工到创业的改变

从学校休学出来，我以为等待我的就是辉煌的前程，我可以自由创想自己的美好未来，坐在豪华办公室里，轻松做着人人羡慕的工作，可结果第一份工作是销售客服工作。在工作中我不敢开口说话，也不怎么会说话，导致客户不愿意和我沟通，没多久就被客户要求换人。

我一直想做自己，但行为和语言却跟不上自己的思想，工作中却始终在乎他人的眼光。小时候我活在父母的期待中，长大了又一直努力地想讨好身边的每个人，心里有千句话想表达，到嘴边却说不出来。

初入职场，被现实狠狠上了一课后，我开始拒绝上班，想到了创业，哪怕去摆个地摊或开个小店都行。

结果人生却有很多意想不到，我想过自己做很多行业，却唯独没想过自己会做传统的家具行业。以“服务每个装修好房子的小家”为宗旨，我从什么都不懂的零开始做起了家具实体店。大家都知道家具实体店一般都要面积大，装修好，才有市场，才有人愿意来看。于是，我和相亲认识的老公以此为标准开始选址、装修。虽然第一次创业是合伙生意，但我们却把所有的心血付出其中，特别是开业前后的半年，每天晚上要加班到很晚，吃饭都没个准点。生意好时每天都是一车货拉回来，师傅忙不过来，店里人都去帮忙。别看我身板小小的，有时却可以帮忙把一个大件沙发搬起来。还好以前学体育的有点体能基础，不然娇气点的真的是束手无策！

熬夜到12点是常有的事，回货后对销售单、对货、摆卖场，各种杂事堆积如山。每天睁开眼就是忙不完的事，但那段时光虽然特别忙、特别累，但却第一次让我真正体会到了什么叫“创业”。“创业”不是简单的两个字，需要你去付出所有的精力和时间。而且，不仅要自己会卖还要教别人会卖。就这样，不爱说话的我开启了我的创业蜕变之旅。

因为每个人每个阶段考虑的事情是不一样的，当你做过了，你的思维也打开了，从以前上班时的唯唯诺诺，到创业后果敢地开始各种尝试，遇到各种挫折挑战，能独立处理各种挫折挑战，相信没有解决不了的问题，只有不想解决问题的人，我坚信所有的经历都是上天派来考验自己的。

但开家具实体店真的投入特别大，非常耗精力，而且人员要配足。当我们以为开更多店可以赚更多钱时，现实又给我们上了沉重的一课——我们开启第二次创业：独立开一家高端品牌店，可惜没做几年就因为经验不足，选品牌失误，以失败告终，自己付出全部心血，却没有得到相应的回报，由于自己的盲目自信和准备不足，在经营中自己有心无力，最后只得惨淡收场。

没多久实体行业就因为疫情迎来了它的至暗时期，在疫情的反反复复中，我们的实体家具店受房地产行业、电商直播等等的冲击，都病危一线。我也开始思考这样下去不行，但关门大吉吧，又不甘心离开做了十多年的家具行业。我想保持初心，在我看来家具实体也是一个涉及民生的刚需行业，我相信只要我用心去做，总有属于我的那片天空。但我不能坐以待毙，我要想出路，蹲守门店的方式早晚会被淘汰掉。

04 开启自己的归心之路

于是我开始学习，学习新媒体，学习写作，学习朋友圈文案营销，学习做视频、做直播，让自己快速地与这个新时代拥抱，在线上很快成为行业领跑者，也收获了不少成绩——在不少同行都在关门，有的业绩下滑厉害的情况下，我们的业绩却提高了50%。可以说，这主要归功于我的勇敢改变和不断突破自己。

在新媒体的学习中，我还加入了许多积极正能量的付费社群，督促我成长，让我打开一扇窗，认识了很多同频的朋友。这使我认识到，原来我每天在经营自己小店的同时，自己的生活也可以丰富多彩，还可以学习这么多东西。特别是写作——烦恼憋屈的时候可以用文字疗愈内心的伤感，开心时也可以记录生活的美好，还可以用它来写我和客户的故事，写每天的感悟，写每天的工作复盘……

大家都知道传统行业特别辛苦，每天的工作，不是重复就是再重复，总有挑战不完的问题，总有解决不清的事，因此人很容易暴躁，爱抱怨、爱唠叨，看谁似乎都不顺眼，每天都感觉非常压抑，找不到生活工作的意义。而现在通过线上学习不仅改变了我，帮我提升了店面业绩，我还带领更多实体店的朋友学会了用线上工具赋能他们的实体店。

如今，我跳出自己的舒适圈，给自己打开了一扇窗，看到另一个不一样的世界，看到了自己的很多被耽误的梦想：旅游、户外、摄影、写作等。

我择一而行，开启了自己的线上写作之旅，用写作赋能我的生活和工作，使我活出了自己喜欢的样子。如果你也有什么梦想，那就行动起来吧。只有行动起来，你才能突破自己，活出自己喜欢的样子。

徐丽娅

行动的勇气

深耕烘焙行业 10 年

服务 30 个烘焙品牌商家和 300 多家实体门店

帮助一家小店获得抖音流量 3.1 亿

6年前，如果有人告诉我“将来你会成为一名烘焙运营培训师”，我定会嗤之以鼻。

那时是2018年，我在一家外企的原料公司担任市场推广培训的销售职位。在外人看来，我的工作光鲜亮丽，收入颇丰。我周围环绕着经验丰富的烘焙技术专家，每天与当地知名品牌的决策者打交道。我的上司开玩笑地称我为公司历史上被烘焙老板挖角次数最多的人。

在原料公司，我迅速从一名新手成长为中层管理者。工作繁忙到让我难以兼顾家庭，频繁出差和高压快节奏的生活让我难以见到孩子。我不断反思：作为一名职场母亲，如何在事业与家庭之间找到平衡？尤其是在如何陪伴和教育孩子上。我的未来又将何去何从？

我未曾料到，朋友的一席话竟会彻底改变我的人生轨迹。

这位好友向我指出，尽管我目前在原料公司工作，负责培训各地烘焙业的头部客户，但我拥有成为老师的潜力。她建议我可以利用这一特长，将来转型成为一名自由职业者，这样不仅能够享受相对自由的时间，还能获得可观的收入，并且能够发挥我乐于分享的优势，成为烘焙行业的培训师。

朋友的话在我心中播下了种子。从那时起，我开始每天投入4小时来总结和梳理我以往的烘焙运营经验和学习成果。除了8小时的工作时间，我还额外投入4小时进行学习。我报名参加了各种线上和线下的培训班，购买了超过30本关于烘焙门店运营的书籍，关注了多个有学习价值的公众号，并对这些知识进行了大量总结和整理。

经过半年的精心准备并听完讲授公司推广方案的培训课程后，我深刻认识到了自己的性格特点：我既是一个敏锐的观察者，也是一个热衷于分享的沟通者。通过这些培训，我成功地为员工们的工作注入了丰富的销售经验和信心。同时，在培训过程中，学员们的积极反馈进一步加速了我的成长，并极大地增强了我的优势。

01 种下梦想的种子

在对市场上的原料厂家进行长达半年的走访期间，我注意到许多中小型烘焙门店在投入大量资金吸引顾客后，利润逐渐减少，老客户的复购率下降，且仅在一次活动后便偃旗息鼓，员工参与活动的热情也在减退。这些门店缺乏系统的培训体系、完善的人才管理梯队以及基础的线上运营能力。

我意识到这里潜藏着一个尚未被充分开发的市场机遇。由于我长期利用业余时间深入学习实体店的线上线下运营知识，所以这给了我自信，让我萌生了为中小型烘焙门店提供实际指导服务的想法。这个想法随着时间的推移变得越来越坚定，于是我就从原料厂家离职了。

根据吸引力法则，你关注的事物会逐渐被吸引到你的生活中。任何你投入能量和关注的事物最终都会出现在你的周围。

通过朋友的推荐，我终于迎来了第一家烘焙门店客户。在当地扎根半个月，我帮助客户从营销策略、视觉设计、产品创新到人员管理等各个方面进行了内部协调和优化。在不给老板增添任何负担的情况下，我带领运营团队成功举办了公司周年庆活动，当月销售额同比增长超过20%，员工的积极性空前高涨，客户对门店的满意度也大幅提升！

梦想是心灵的燃料，点燃激情的火花。我心中有一股无法抗拒的力量，它推动我不断前行，超越自我。

02 晴天霹雳，疫情突然暴发

在成功经营一家饼店后，我迅速将这种工作模式复制到其他客户身上。在半年的时间里，我服务了超过15家客户，并在这个过程中发现了不少问题。我意识到，部分店主不仅需要培训，还更迫切地希望看到立竿见影的业绩和成果。

一颗种子成长为参天大树，需要经历漫长的时间，不可能一蹴而就。同样，业绩的增长也不是仅靠培训员工就能迅速实现的。它还涉及门店的地理位置、门店视觉与空间的优化、紧跟市场潮流的产品结构，以及持续迭代的烘焙商业模式等多个方面。因此，在为客户提供员工培训时，每当有客户对培训成果表示不满时，我就会陷入深深的自我怀疑。那么，应该从哪个培训的切入点入手，才能既快速让员工掌握知识，又能帮助店主迅速实现业绩的转化呢?

2020年至2021年，新冠疫情形势反复无常，出行受限，政策禁止了聚集性培训，这给我的培训工作带来了巨大的挑战。老客户无法继续服务，新客户也无法接洽，线下的培训工作被迫暂停。

面对危机，不同的人会有不同的态度。有人可能会因此一蹶不振，而有人则能在危机中发现机遇。我持有乐观的心态，在危机中幸运地找到了商机。

03 梦想成真

在新冠疫情的影响下，我时常被隔离在家。一日，偶然间滑动手机界面至抖音平台，一位外表平凡、言谈间未见锋芒的宝妈正沉浸在歌唱的世界里，她的直播间内竟汇聚了五万人的流量。短短不到半小时，仅凭观众的慷慨打赏，她的收入便轻松跨越了五位数的门槛。

这幕场景，让我深刻意识到，新冠疫情虽带来了诸多不便，却也悄然为抖音平台铺设了一条通往辉煌的道路。无数人被困家中，寻找着心灵的慰藉与娱乐的出口，而抖音，正是那个能够满足这份需求的舞台。

人的注意力聚焦之处，往往也是财富汇聚之地。

在2020年暂时解封的一段时间里，我毫不犹豫地投入了一笔不菲的学费，在多个平台上深入学习抖音运营技巧，内容包括如何制作高流量的视频、视频剪辑的艺术以及什么样的内容最能吸引观众。幸运的是，我的学习之旅还未画上句号，一条精心制作的短视频便在网络上掀起了波澜，收获了超过八百万的观看量，为一家小店带来了前所未有的客流高峰，近千人次的到店消费让这家小店摆脱困境，成为网红打卡地。

这次成功让我深受启发，我开始思考：抖音的庞大流量池是否能为烘焙行业带来同样的奇迹？能否帮助烘焙店铺主们迅速在抖音平台上崭露头角，实现盈利的飞跃？这岂不是一举两得，既解决了烘焙行业的营销难题，又验证了我所学知识的实用价值？

我秉持着“先试后优”的理念，迅速将想法付诸实践。在一家私人烘焙店内，我精心策划并发布了一条视频，结果令人振奋——它直接带动了516笔订单，为店铺带来了近万元的销售额，而我从中获得的佣金也达到了1200元。虽然这对我来说是一笔意外零花钱，但我更看重的是它的示范效应：如果将这部分收益分配给烘焙店的店长或员工，作为他们额外努力的回报，无疑会极大地提升他们的工作积极性和创造力。对于店铺老板而言，这不仅仅是增加了销售额和曝光度，更是激发了团队内部的活力和潜力。

我深入剖析了这次成功的经验，结合烘焙行业的独特性和市场需求，总结出了一套行之有效的抖音短视频营销策略。到2021年，我的影响力逐渐扩大，吸引了众多线上线下商家的关注与合作。我成功助力超过30个不同品牌的实体门店实现数字化转型，其中不乏一些大型连锁烘焙品牌。通过我的指导和服务，这些品牌在抖音平台上迅速积累了大量粉丝和关注度，销售额也随之水涨船高。

其中一家烘焙连锁品牌更是凭借短视频的力量，在一个月内实现了某款产品的销售额突破200万元的壮举。这段经历不仅让我收获了事业上的成功和满足感，更让我深刻认识到了自己的潜力和价值。

我擅长思考、总结和分享自己的知识和经验，这些优势在培训过程中得到了充分的发挥和展现。我坚信只有不断发挥自己的优势并持续努力才能取得更大的成就和突破。

04 赋能未来，助力10万多家烘焙品牌

在烘焙这片广阔的领域里，众多中小型商家正面临着前所未有的挑战：资金短缺、专业团队匮乏、管理系统不完善……他们如同航行在茫茫大海中的小船，由于缺乏指引和动力，只能在摸索中前行，这不仅耗费了大量时间，更消磨了他们前行的信心和勇气。与那些实力雄厚的大型连锁店相比，中小型烘焙商家在组建自己的培训部门上显得尤为艰难。无论是高昂的成本还是稀缺的人才，都是他们难以逾越的障碍。然而，培训部门对于企业的成长和发展却至关重要，它不仅是人才培养的摇篮，更是企业文化传承的载体。

在此背景下，我清晰地定位了自己的角色——成为中小型烘焙商家的坚实后盾，为他们提供全方位的支持与帮助。从为老板出谋划策，到协助经理人高效管理；从为员工输送专业知识，到推动企业文化的落地生根，我都将不遗余力地贡献自己的力量。

正如木材，一年生的可作柴火，三至五年生的可制作桌椅，而只有百年的木才能成为栋梁之材。无论年龄大小，只要你渴望在任何领域创造伟大成就，努力永远不会太晚。人生永远没有太晚的开始，无非是大器晚成！

在这个充满变革的时代里，AI技术的兴起更是为我们提供了前所未有的机遇。它不仅仅是技术的革新，更是生产力和思维方式的飞跃。我相信，那些能够驾驭AI技术的人，将在这场变革中脱颖而出，成为新时代的引领者。

“终身学习”是我的座右铭，无论你目前多么成功，那都将成为过去。成长比成功更为重要。因此，我渴望深入了解AI技术，掌握先进的生产力工具，提高工作效率。我计划利用AI技术撰写课件、撰写社交媒体文案、绘图，并借助AI数字人实现短视频矩阵的玩法。我的目标是先全面掌握这些技能，然后形成一套工作流程，全方位赋能烘焙行业。我相信，在AI的助力下，我将能够为烘焙行业带来更加深远的影响和变革。

在品味人生的酸甜苦辣中，我通过行动萃取精华，塑造出自己独特的“心灵图腾”，将我的故事、信仰与精神传承下去，为更多创业者照亮前路，助力他们稳健前行。这样的人生，在我看来，才是充实而有价值的。

虽然我已经40多岁了，但我始终保持对世界的好奇心和探索欲，还有一份勇于打破现状、重新开始的勇气。我仍在充满挑战的创业之路上奔跑。

程碧娟

从医者到教育者的跨界之旅

20 年港澳及海外升学规划经验
亚太教育研究院升学规划专家
教育学博士，多元升学开拓者

在辽远而深邃的历史长河中，每一个浪花都承载着无数生命的沉浮与梦想的绽放。我的故事，虽然有如这浩瀚星河中一粒渺小而坚定的尘埃，但它里面包含着勇气、转变与不懈追求。我从粤东偏远小山村的起步，曾在医学殿堂里奉献年华，再跨界到教育领域中深耕，每一步皆留下坚实且深刻的足迹，凝聚着生命对觉醒的不懈追求，更承载着对教育的躬身践行。这份追求与向往仿若永不熄灭的熊熊烈焰，照亮前方漫漫征途，激励着我持续怀揣行动的勇气，踏上探寻更具价值与意义的人生。

01 转界之变：从医学殿堂迈向教育的星辰大海

在大多数人眼中，医学与教育仿佛是两条平行线，在各自的领域内熠熠生辉，鲜有交集。然而，在我眼中，它们却是殊途同归，共同指向了对生命的尊重和未来的探究与创造。曾几何时，医学的殿堂是我梦寐以求的圣地，它以其严谨的科学精神和救死扶伤的神圣使命深深吸引着我。在手术室的灯光下，我见证了生命的脆弱与坚韧，感受到了许多生命背后的故事与力量；也曾在静谧的病房中，体会到人性的光辉与温暖，深刻地感受到能为别人带来希望与价值是多么重要！

然而，当我开始深入思考，意识到医学虽然能够治愈身体的创伤，但教育却能触及心灵的深处，教育工作者被喻为人类灵魂的工程师，可以点亮众多求知者的希望火花。

在教育事业的征途中，我与来自世界各地的教育专家、学者交流碰撞，不断拓展自己的认知边界，不断学习和吸收着全球先进的教育理念，教育不仅仅是传递知识，更是一种灵魂的唤醒和升华。我立志要做有温度、有情怀、有担当的教育者。

做好教育不仅要遵循教育本身的规律，还要遵循生命成长的规律。这些年，我带领团队和各级妇联、关工委、团委、教育局、中小学校，以及各大银行、协会、大型企业开展了“智慧父母”“幸福教师”“SEL社会情感”“规划人生”的培训以及心理健康、家庭教育、未来教育、爱国教育等不同主题的讲座和沙龙超过千场，每一场都倾注了相关工作人员的心血和热诚，就是希望为孩子们打造一个充满爱与智慧的学习和成长的环境，为立足未来更好地发展铺设一条光明大道。

02 教育之路：为普娃插上梦想的翅膀

在教育这条充满挑战和惊喜的道路上，我收获了无数宝贵的记忆与感动，如同璀璨的星辰般，照亮到我心灵深处。这封学生来信更加坚定了我在教育路上前行的决心。

这位学生在信中说：“还记得读初三那年，因为家庭的变故，同学的嘲笑和欺凌，老师的批评和家长的不理解，让我深陷困境，课堂上的内容对我来说就像天书，很多都听不懂。于是，上课走神、睡觉，作业也很难完成，我的内心充满了焦虑、彷徨、无助甚至是绝望。以致沉迷游戏，有时甚至逃课去网吧上网。中考没考好，稀里糊涂上了高中后境遇并没有好转，课堂上的内容依然让我感到困惑，尽管我想要努力学习，但成绩却始终提不上去，……带着巨大的压力和糟糕的情绪熬过了高中阶段，没有考上理想的大学，更是让我陷入人生低谷，以为这辈子就这样了。”

这位学生在信中回忆起后来与我相见时的情境，她说：“我清楚地记得，一个明媚的上午，妈妈说带我去见一位很优秀的教育家，一定可以帮到我，我半信半疑地跟着，从一言不发到积极主动提问和交流，是因为在这个过程中您特别注重对我情绪的疏导和鼓励，您还帮助我重新调整了人生方向和明确目标，深入分析了我的优势、兴趣和爱好，细致的制订了新的可行规划方案，让我豁然开朗，看到了新的希望。”

这位写信给我的学生，自从我跟她谈心之后，她有了清晰可行的目标，仿佛被一股无形的力量所驱使，不再沉溺于过去，开始面对现实，在学校认真学习学科知识之余积极参加各种学术竞赛和社团活动，锻炼自己的能力。同时，利用课余时间学习雅思课程，努力提升英语水平，为了丰富实践经验和见识，寒暑假都寻找机会实习。最终，皇天不负有心人，凭借努力以及我的支持帮助和专业指导，顺利升读英国著名大学的硕士研究生，还以一等荣誉毕业。回国后更是顺利成为一名大学讲师。后来，还成功申请了奖学金攻读博士学位。

这是我辅导一位学生的成功范例。她一直记在心中，并时时回想我曾经跟她说过的话："有规划的人生是蓝图，没有规划的人生是拼图！什么时候开始都不晚，最怕的就是不开始。"她说："感恩何其幸运遇到了您，因为您的升学规划不仅为我指明了方向，让我体验了从学习有困难的学生到博士的逆袭，也让我有勇气去追寻自己的梦想，更重要的是重新点燃了我对生活的热爱以及对未来的信心！我永远不会忘记您的帮助！谢谢您，让我有机会看到了不一样的人生风景。未来我也会努力成为更好的自己，成为学生们心中喜欢的老师，像您一样带给更多人温暖与希望，再次感恩您！"

这封信把我的思绪拉回到在教育沃土上耕耘的这些年，心中珍藏着一串串闪耀的记忆：规划助力学子以高考400多分的成绩，踏入世界QS百强名校的殿堂；引领内地成绩平平的学子，凭借篮球的热爱与汗水，跃升至更高学府，凭借艺术特长收获港澳名校的录取通知书；无需雅思托福，成功攀登世界名校的硕士高峰，最让我欣慰的，是见证那些常人眼中普通的孩子，在学士与硕士的旅程中实现蜕变与成长，不仅崭露头角成为该领域的佼佼者，更在精神和物质层面获得了丰厚的收获。这正是我作为教育者的最大心愿——有机会为更多孩子插上梦想的翅膀，让他们勇敢追寻属于自己的美好未来。

03 勇气为帆：多元创新奠定基础

未来的世界不仅仅是知识的竞技场，更是创新与多元的舞台。教育改革，正是那把开启无限可能的钥匙，为学生铺设通往成功与幸福的宽广大道。

在竞争白热化的现代社会，AI浪潮席卷之下，学历与能力的双重门槛不断攀升，很多家长群体感受到子女升学的沉重压力，焦虑情绪如影随形。尤其是那些成绩平平的学生及其家庭，更是深陷困境之中而变得迷茫。然而，每个孩子都是本自具足、独一无二的，携带着专属的使命与潜能，静待点亮和启发。我始终坚信教育的本质是唤醒，核心是立德树人，引导向善向上向好，在于培育学生的身心健康、人格完整的个体，使之成为终身学习者，深度思考者，责任担当者，问题解决者和热爱生活者，实现既全面又个性化的成长。

正是这份信念，催生我去创建多元化与特色化并行的双轨制高中的愿景。尽管初期遭遇了外界的质疑与内部的挑战，但行动的步伐依然未停歇。从概念构思到与政府紧密沟通，从国内外广泛调研到方案反复推敲，从创意萌芽到蓝图实现，历经数载春秋，这所特色鲜明的双轨制高中拔地而起，不仅为学子们提供了优质的高中教育资源，更拓宽了通往港澳及海外高等学府的多元升学渠道，为当地教育生态注入新的元素和活力。

在教育实践中，我们注重培养学生的自信心、归属感和价值感，让每个孩子都能在适合自己的节奏下茁壮成长。在实践中学习，在挑战中成长，在创新中超越。为未来成为高学历、强能力、大格局、广见识，具备国际视野的综合型人才奠定坚实的基础。

04 行动为桨：跨越山海筑梦未来

勇气是行动的灯塔，行动则是改变现状的钥匙。为了让更多学生升读理想大学、提升学历和能力的机会，进而谱写更美好的未来，我带领升学规划团队跨越重洋，到英、美、德、意等欧美国家，以及新加坡、马来西亚和中国港澳地区，深入考察境外知名学府，学习先进经验，汲取智慧火花，精心为境内学生出外学习搭建平台，与多所境外大学建立了紧密的合作关系。并得到授权，在国内开设立了官方考点，合作开办了与境外大学紧密衔接的课程体系。这些课程不仅注重学术知识的传授，更强调学生综合素质的培养和能力的提升，帮助更多普通学生也有机会升读境外名校。

目前很多家长和学生对升学路径存在认知缺乏或偏差，信息繁杂的现象使得真假信息交织，非专业领域的家庭根本无法辨别，对升学有明确需求却无从入手错失良机甚至是屡屡掉坑。所以信息差、资源差尤其关键，我深知分享准确信息、提供真实资源的重要性，同时坚持“专业、诚信、高效、多元”的理念，始终以学生实际需求为出发点，耐心倾听，细致分析，挖掘闪光点与潜能，量身定制升学规划方案，致力于为各地初、高中毕业生筑梦理想大学，为大专、本科毕业生拓展更多学历提升的路径，打开通往世界的大门。

未来，在教育的浩瀚征途中，我将继续扬帆起航在智慧的海洋追寻点亮心灵、启迪未来的教育之光。

同时，热切期盼着更多的教育者能够携手并肩，共同推动教育事业的改革与创新，让学生们能够在更加优越，更加美好的教育环境中茁壮成长。我坚信：通过大家的共同努力与不懈追求，一定能够培养出更多具备身心健康，人格健全，拥有国际化视野，综合素质卓越，创新能力突出的中国特色现代化人才，成为推动社会进步与发展的重要力量，为实现中华民族伟大复兴的中国梦贡献自己的智慧，书写属于新时代的篇章！

子周

十年圆一梦，95 后用写作点亮人生

"子周说文案营销"公众号主理人
个人品牌文案创富导师
中国科学院认证咨询师

“最怕一生碌碌无为，却说平凡难能可贵。”

如果现在的你，正处于迷茫焦虑的阶段，却又不甘平庸，想要通过行动，拨动自己命运的齿轮，那么答案也许就藏在下面的故事里。

01 年少高光：从“小镇做题家”到大城市“创业先锋”

1996年，我出生于皖南的一个小县城，父母都是小个体户，对我唯一的期望，就是能考上大学，找份体面的工作，再找个人嫁了，安安稳稳地度过这一生。

虽然家里没钱、没资源、更没背景，但是在学习这件事情上，家人给了我毫无保留的支持……我也深知，没有伞的孩子，唯有从题海中爬出来，靠知识改变命运！

平日里，我最大的爱好，就是泡在书店里，只要有我想要的课外读物，父母都会慷慨买下，家里的书籍渐渐堆成了山。得益于大量的阅读和平时的写作练习，我最擅长的一门学科就是语文，每次交上作文卷子，都会获得老师表扬。

于是，我的心里埋下一颗希望的种子，没想到在后来的日子里真的萌芽开花了！

2014年，我如愿考到了武汉一所本科院校，攻读我最喜欢的传播学专业，这也是平生十几年来，我第一次走出小县城，亲眼看到外面的世界。

变故接踵而至，我上大学那年，正好家里的小生意出了状况，时常吃了上顿没下顿。寒假回到家，看到父母在为大几千的学费发愁，我的内心立马隐隐作痛。

为了不给家里添负担，刚适应了大学生活的我，就想做兼职赚点生活费，有老师得知我的写作水平拔尖，恰好抛来了“橄榄枝”——帮某网站写产品宣传文案，每篇稿费30元。

凭借过硬的写作功底，我每回不到1小时就能出稿并一次性通过，成为客户的“指定合作伙伴”，而当时同学们在校外兼职，每小时只有几块钱。我嗅到了文案的“商机”——原来，技能真的可以变现。

那阵子，我每天把自己关在宿舍，研究变现渠道，在网上大量撒网找客源，常常废寝忘食，这导致我患上急性肠胃炎，拉肚子拉到虚脱。

我深知，没有伞的孩子，只能努力奔跑，行动才有出路。在身边的同学们，每天还在追剧、谈恋爱的时候，我一有空就往学校图书馆跑，不是在死磕文案技法，就是在研究怎么通过文案变现，去各种平台找客源。

终于，通过在淘宝、闲鱼平台开“文案小卖铺”，我开始陆续成交客户，并搭建了40多人的线上写手团队，承接的客单价也从几十，逐渐提高到几百、几千。

通过数月的努力，我的文案工作室实现了自动化运转，团队累计服务300多客户，负责给安居客、蚂蚁短租等热门平台做宣传的机构，也陆续找我们合作。

甚至还有第三方机构找到我本人，我得以亲笔帮著名主持人写了活动主持稿。

2017年，我报名参与了武汉市洪山区某创业比赛，靠手头的文案项目，在百名候选人中脱颖而出，成为当年的“创业先锋”之一，拿到了官方的数万元现金激励。

不久后，我还依托于写作水平，顺着父母的心意，找到了一家知名的互联网大厂实习工作。在立足本职的情况下，我每月靠文案这份副业就能轻松赚到5位数。这对20岁出头的我来说，简直顺风顺水，一时在周围人眼里风光无两。

可命运恰好在这个时候，突然跟我开了个天大的玩笑，它如一道闪电，划破了我宁静的生活……

02 陷入低谷：痛失至亲后，我在职场“温水煮青蛙”

“孩子，你爸爸得了肝癌，刚查出来就是晚期……”

大学毕业前夕，我白天去公司实习，晚上要对接文案工作室的事情，不断畅想着，等未来赚到大钱了，要把父母接到武汉养老。

没想到家里这一通电话，瞬间打碎了我的幻想。

一时之间，我蒙了。当放下手头的一切工作，坐在回老家的列车上时，我整个脑子嗡嗡地响，反反复复从包里掏出手机，搜索关键词“肝癌晚期”，得到的答案都是“预后差”，这意味着什么？我不愿面对。

在我的记忆深处，父亲兼具勤劳、坚强与勇敢，是妥妥的行动派。从我出生起，他就开始在当地做小生意，每天早出晚归，直到病倒在床前的那一刻，父亲依然惦念着工作。

从小到大，不论处于怎样的艰难境地，父亲都始终笑着和我说：“使你痛苦者，必使你强大！”他常常以身作则，在潜移默化的影响下，带给我行动的勇气。

回家后，我放下了在武汉积累的一切，留在父亲身边悉心照料他，直到两个月后的一天清晨，他的呼吸戛然而止。看着父亲因失去意识，从眼角留下的最后一滴泪，我一下子瘫倒在地上。原来，发自内心的悲恸，真的是哭不出声音的。

我的人生才刚刚开始，父亲的人生却结束了。

从那时起，我变得一蹶不振，只是安安静静待在老家，是为了陪伴母亲，也是为了逃避现实。“躺平”了半年后，我意识到不能再这样下去，脑海中，父亲的叮嘱开始不断回响——“直面痛苦，才能战胜痛苦。打不倒你的，会让你更强大！”

我抖擞了精神，开始重新对接文案工作室相关事宜，与此同时，原来的实习单位也发来邀请，问我要不要回来上班。

重返职场后，我不懂就问、不会就学，一步一个脚印做积累，抱着利他、成长的心态干活，赢得了领导和同事们的赏识；下班后，继续挑灯夜战，把“文案小卖铺”打理得井井有条。

在同龄人正为找工作发愁时，我破格从实习生转正，并通过文案副业变现6位数，还在武汉买下了自己人生中第一套房，就此在武汉扎根。

接下来，我每天出入高档写字楼，一手薪水不错的主业，另一手蒸蒸日上的副业，是不是在你看来，已经赢在了起跑线上？

可是我的人生，真的会像电影里演的一样，一路扶摇直上吗？

意想不到的打击，再次横空出现了。2020年，平台对虚拟产品的规则进行调整，我的网店突然被降低了权重，甚至到后来一夜之间被封，搞得我措手不及。就这样，我不仅失去了客户来源，团队也纷纷出走，留下我一个“光杆司令”，独自应对眼前的烂摊子。

你是不是也在想：慌什么，不是还有主业兜底吗？

曾经，我也天真地认为，只要在职场勤勤恳恳地工作，就能收获鲜花和掌声。当我放弃文案副业，遵从家人的意愿，开始把注意力all in（全部投入）职场后，虽然有升职加薪，但在大厂里，人人都是“螺丝钉”。

每天都做着重复的工作，为了不被淘汰，只能拼命“内卷”；常常熬夜加班，产出却不受自己控制，连续加班做完的项目，上头说不要就不要了；不规律的作息，导致我几年下来胖了30多斤，还得了脂肪肝；而薪资的涨幅，根本跑不赢通货膨胀。

更重要的是，经济下行趋势下，互联网人面临着35岁失业的风险，一眼望到头的职场，不过是“温水煮青蛙”。

我想要时间自由、精神富足，单靠主业肯定无法实现。于是我暗下决心：要通过行动，改变自己的命运。

03 新的征程：打造个人品牌，做自己人生的设计师

梦想还是要有的，万一实现了呢？

那么问题来了，没背景、没靠山，普通人怎样才能逆袭，过上梦想中的生活呢？

带着对未知的探索，我每天下班后，开始疯狂学习，就这样踏入了知识付费圈子，定位文案专业IP，陆续砸了几万元，从大机构到超级个体，我把能接触到的课程都报了个遍。

几年求学之旅，打造个人品牌从0到1的各种方法论，我终于烂熟于心。我本对自己的文案专业能力足够自信，毕竟已深耕这么多年，可正当我想大展拳脚的时候，现实又啪啪打脸。

随着IP市场的发展，越来越多的人“唯大咖论”，而我作为小白入行，既没有粉丝，也没有影响力，往往一开口就遭到质疑。

投入了大量的时间、精力和金钱，却得不到市场的认可，我因此陷入迷茫和自我怀疑之中，甚至被人误以为进了传销组织。甚至，我最亲近的家人都来指责我：“你工作这么稳定，还瞎折腾

什么？！”

一波又一波的打击，压得我抬不起头来。无数个夜晚，我都焦虑到失眠，头发大把大把地掉，我反复问自己：“难道真的到此为止了吗?”接着，我不断安慰自己：“再小的个体，也有自己的个人品牌。”

既然短期颗粒无收，我就坚守长期主义，靠内容证明自己的实力。于是我鼓起勇气，展开了一系列行动。

首先是大量且持续地输出，写作是极具“复利”的一件事，它能让你的成长有迹可循。果然，从量变到质变，随着强输出，我终于被越来越多的人看见，个人的影响力终于像滚雪球一样开始逐渐放大。

其次是坚持利他。商业的本质，是给客户创造价值。当你能给客户带来超越他对产品期望的价值，对方才更愿意为你买单。

你能走多远，往往与起心动念息息相关。当你抱着无我利他、成人达己的心态，格局就会足够大，为客户想得越多，价值就越高。

就这样，拉长时间维度后，我竟然真的创造了新的奇迹，陆续有人主动找上门来，体验了我的超值交付后，学员好评率竟然达到100%。

其实，打造个人品牌这条路，比我之前靠文案代写赚钱要复杂、艰辛得多，但让我收获了N倍的幸福感。

以前做代写业务，是一笔订单完成，即交易结束。

而打造个人品牌，则是一灯点亮诸灯的使命，看到越来越多的人在我的影响下得到成长，我得到了难以用金钱衡量的快乐。

一位做家庭教育和英语培训的学员，本就在自身领域颇有建树，经过我手把手带练，她的朋友圈文案被人追着求更新，助力她的事业更上一层楼，今年上半年业绩超额完成；

一位转行做保险业务的学员，在我的指导下，不到两个月，就已经系统搭建了内容营销体系，靠内容轻松成为公司的“香饽饽”，近期受福州最大的团队邀请去做专题分享；

一位传统家居行业的学员，链接上我时刚接触线上，是纯纯的零基础小白，经过我手把手的带教，她找准了自己的定位，不仅文案写得有声有色，通过在线上卖系统，半个月就变现了20000多元，还特地给我寄来了手写感谢信；

一位做数字心理的学员，在外面付费大几万学文案都没搞明白的事情，在我的私教班，轻松掌握输出的底层逻辑，过年期间，特地给我发了大红包和一连串的感谢，说我是她遇到过的最负责、最专业的文案老师，甚至课程还没到期就想找我续费……

这样的例子还有很多很多……

如今，靠着自身流量积累，加上学员不断转介绍，我的个人品牌之路总算走上了正轨，我迎来了理想的生活状态。

回归做文案导师的初心，我始终希望身边越来越多的人能因我而受益。我希望能帮助学员用文案培养对用户思维和人性的洞察力，轻松打开输出的开关，不论是写朋友圈、做群分享，还是去各大自媒体平台搞流量，都能靠内容引爆业绩，点亮人生。

2014年，我只身来武汉上大学，过去的10年弹指一挥间。不变的是，我在文案领域稳扎稳打，做到一毫米的宽度，一万米的深度，坚持刻意练习“基本功”，能在直面挑战时正心、正念，用行动书写改变的勇气！

最后，真诚感谢你能耐心地看到这里，祝福你也能不断超越自己，拥抱闪闪发光的人生！

美媛

手握一把烂牌，
也要赢得漂亮

商业美学导师
拥有 16 年美学与商业运营经验
高价值商业变现循环体系创始人
全网 20 万粉丝

人生就像一场扑克牌游戏，每个人手中的牌都不一样，而我从出生起就手握一把看似无法打翻身仗的烂牌。

小时候我因为“重男轻女”的时代桎梏而被亲生父母忽视，我是吃百家饭长大的，没自信、没长处、没学历、没背景、没有施展的舞台。

经过38年的努力，在上海安家创业。有一位会画画的老公，才华横溢；有一个可爱的女儿，聪明伶俐；有一份热爱的事业，让我充满自信。

即使手握一把烂牌，我也要努力把它赢得漂亮。我相信我可以，你也一定可以。

01 出生就0起点的女孩，路在何方

1986年的冬天，随着我的出生，全家人的心情也跟着跌到了冰点。因为家人想要生个男孩，而我是一个女孩。

在我一岁多时，妈妈为了生个男孩又怀孕了，那时计划生育政策非常严格，她不得不到处躲藏，也因为政策的限制，家被拆了。才1岁多的我，不仅失去了妈妈的陪伴，也没有了家。

那时还没过门的婶婶，一边干着非常繁重的农活，一边还要照

顾我，她把我放在田坎的旁边，给我一个拨浪鼓把玩，并温柔地告诉我：“要乖，在这里玩，不要乱跑，婶婶忙完带你买糖吃。”

婶婶不仅给予了我缺失的母爱和温暖，她的勤劳和善良也深深地影响着我的整个人生。

在我3岁的时候，妈妈带着弟弟回来了，那会儿家里穷得叮当响，连房子都只盖了一半墙，到了冬天的时候，夜晚的寒风透过仅有的半扇门呼呼地吹过来，冻得我瑟瑟发抖。

起床上厕所时听到家人说终于有男孩了，家里负担重，讨论要如何把我送人。我紧紧裹着衣服，手指用力抠着门板，眼泪像掉了线的珠子落下，不敢发出任何声音。

上小学的时候，有一次，因为有5元学习费没有交，老师让我回去借学习费，当时爸爸不在家，妈妈没有钱，我无助地站在家门口，使劲攥着衣角，再也忍不住痛哭起来。

在远处干农活的婶婶听见了，回来给了我5元钱，让我回去学习。我紧紧捏着那5元钱，心里充满了对婶婶的无限感激。

16岁那年，父母可能觉得女孩不需要读那么多书，居然把我送到了镇上的按摩院去打工赚钱。去了两天后，在县城的舅妈知道了这件事，放下了手里的工作，把我接到了城里，为我申请好了学校并交好了学费，让我继续未完成的学业。她成为第二个拯救我的人。

就这样，我在城市里开始了半工半读的生活。尽管我的生活充满困难，但我不想被命运抛弃。我告诉自己：“我绝不能后退，我要用行动证明女孩子也可以活出自己的价值。”

02 步履不停，走出一条属于自己的路

转眼，到了找工作的时候，为了改变自己唯唯诺诺、自卑的性格，也为了通过自己的努力，证明我不会比男孩差，我选择了一份演讲销售且需要经常到全国各处出差的工作，来锻炼和突破自己。

因为幼年时营养不良，身高定格在158厘米的我，每天踩着高跟鞋，两三天就要换一个城市。其间，我拉着大大的行李箱，坐了火车换长途汽车，坐了长途汽车换公交车，终于到达目的地，匆匆吃几口饭，就开始培训。

有一次，我到山东一个加盟店负责活动策划和执行，跟店里人的个头一比，我更没有了存在感，甚至老板直接怀疑地说道：“这么弱不禁风的小丫头，能懂啥?”我心里一阵紧张：老板要是提出换人，那我该怎么办?给我差评怎么办?

我深深地明白，如果真是这样，那我的考核就没法通过。

于是，我赶紧站出来，坚定地说：“姐，你给我15天时间，我让你看到成绩!”要知道，驻店指导老师一个店一般只指导3~5天，我提出这个要求，老板都惊呆了。

这15天，我拼命地干活，除了培训、策划准备活动，我还接待客户，亲自为客户服务，帮助她们做档案、店务管理和运营计划，

甚至员工都下班了，我还在做计划。

因为自身没有好的条件，所以我只有比别人付出更多的努力。

后来，在我的不断指导和回访下，这家店业绩突飞猛进，还扩大了面积，知名度也得到了非常大的提升，在全国加盟店中名声大噪，店家老板在全省大会上认可了我的专业和努力，这使我受到了极大的鼓舞。

这份长年奔波，压力很大的工作，我一干就是8年。在这一过程中，我走遍了上千家店，从优秀的企业家、老板身上学习到她们坚毅的品质、做事的魄力、优秀的做事习惯和前沿的商业思维。

婶婶身上的勤劳善良一直影响着我，虽在这份工作中我付出了很多，但我并不觉得辛苦，而且直到今天我都非常感恩这份工作所带给我的巨大成长。

后来我不断升职加薪，过年的时候，终于有能力给家人发1万或者是2万的红包回报她们了。我再也不是家里那个多余的女孩，我成了家人的骄傲。

03 找到梦想蓝图，一把烂牌也能赢得漂亮

30岁我和爱人组建了家庭，结束了奔波的生活。我们用多年的积蓄在上海买了房，拥有了自己的家和一个可爱的女儿。

做全职妈妈一年多以后，我发现我的眼睛里没有光了，变得越

来越爱哭，一点点小事就会导致情绪崩溃。没错，我产后抑郁了。

我特别渴望重新开始工作，找回那个活力满满的自己。

刚开始家人并不理解，觉得当妈妈了就应该陪着孩子。我思索了很久，一个声音在我内心里响起：如果多年后，你的女儿当妈妈了，你会要她放弃自己的梦想吗？一定不会。

我们有很多身份，是妈妈，是女儿，是妻子，但我们首先应是自己。

于是我开始产后复出创业，准备开一家美学店。

开始行动后我才发现：在上海开一家理想的店，需要百万以上的启动资金。而此时因为刚经历了结婚、买房、生子带来的经济压力，所以花5000元的流动资金都需要考虑很久很久。就这样，在家人完全没有能力支持的情况下，我开始尝试线上创业。

我把自己积累10多年，帮助美学实体店提升营收的方法、实战经验和付费学习的美学经验，整理成一套可以帮助女性变美、轻松创业的体系，去帮助更多的创业女性。

我清楚地记得：濒临倒闭的产康中心老板，找到我时非常崩溃，通过我的体系指导，三个月就实现了扭亏为盈，年底营收还增长了10倍。

她的品牌高级感和整体形象提升，使她的店在当地的知名度越来越大，而且她自己也越来越自信了。

她说非常感谢遇到我，拯救了她的店，也拯救了她。我非常开心，这股喜悦带着熟悉的感觉拥抱着我的内心，让我感到非常受滋养。

我向她们伸出的手，就像多年前婶婶和舅妈向我伸出的手，穿越时光，完成了对彼此生命的救赎。

一颗种子慢慢在心里发芽：要去帮助更多女性活得美丽、独立，拥有一份充满价值的事业。是什么拯救了我，我也可以用它去帮助更多曾经的自己。

也就是在这个时候，我用了38年时间，才释怀我小时候被父母忽视的经历。那时候我的妈妈其实也并没有话语权，也改变不了家人根深蒂固的思想。

如今，经历过冰与火的淬炼，我终于改写了自己的命运。我把一手烂牌硬是努力打好了，我觉得自己赢得很漂亮。

曾经我没有起点，没有背景，但我相信：只要愿意付出比别人更多的努力，梦想之花就一定会精彩绽放。

往后余生，我特别想帮助像我一样渴望活得美丽、独立的创业女性，和她们一起，让平淡的人生充满璀璨的光芒。

感谢途径生命的所有，感谢生命的馈赠。愿我们每个人面对命运的安排，都能勇敢地打开包装，去拿到背后的礼物。

米哈

好运藏在行动中

艺术硕士
批量发售操盘手
9 年产品、项目负责人经验
《集创思维设计矩阵：写给互联网人的设计指南》联合作者

我是一个来自“18线”小城市，有些晚熟，却从没停止成长进阶的人。

9年时间，我从艺术生、艺术记者到产品经理、产品负责人，到更广阔的服务设计项目负责人，再到开启创业，历程中，有过幸运，有过迷茫，有过高光，也有过低谷。如果没有破釜沉舟去行动的勇气，就没有一次又一次不断迭代升级的我。

我把我的心路历程梳理开来，真实地告诉你一位普通女性在职场，在创业过程中所经历的起起伏伏。

如果我的这些经历对你有所启发，这是我们彼此的幸运。

01 行动起来，好运就来

大学时，看一档求职节目，里面的嘉宾二十二三岁已经硕士毕业，甚至博士毕业。嘉宾受到企业的青睐，精彩的人生也似乎近在咫尺。同样的23岁，我却只在读大三，还没有确定的人生方向。我当时就想，我已经比别人慢了这么多，那我能不能让自己努力站得高一点呢?

于是那年，我决定考研。考不考得上，我不知道，毕竟我当时读的是三本，还身在河南这样考试竞争激烈的地方。

可是，不试试，不行动，怎么知道行不行呢?

于是我开启了早晚在图书馆、画室穿梭的日子。

一旦你决定做某事，全世界都会来帮你。

我遇到了对我影响意义重大的袁老师。他毕业于清华美院，多年潜心研究艺术、古琴，特别擅长启迪人心。

是他让我第一次在专业领域开窍了。以前的我临摹素描很出彩，但如果通过自己的观察，将现实事物转化为手中的长期素描作品时，总是无法展现更深层次的画面。我也不知道是哪里出了问题。

在跟他学习的过程中，我才知道，画一幅好的素描，无论你何时停下画，眯眼看到的画面都是一个整体。这个整体，不仅指整体氛围，还指画面中结构的优先级、明暗的优先级，和你现实中看到事物的优先级，是一致的。并且很关键的一点是，你要知道“止”，知道什么时候该停下来。再画下去，就画蛇添足了。

这听起来容易，然而在做的过程中并不容易。需要在画的过程中，注重整体的同时，透过现象看本质，需要不断地整合归纳、排列优先级，甚至大胆舍弃，看到物体本质的转折改变，而不被表象光影迷惑。“止”就更难了，“知止”需要有智慧与能力。

他还带我们看中外名画，为我们解说名画，带我们了解如何看入画里，看出画外，带我们了解艺术史背后的故事，带我们分析绘画、音乐、书法间相似的地方。那时的我，感受到知识间的迁移是如此美妙。

当年的我也没想到，那时日复一日做的这些训练，奠定了我今后的全局观，抓优先级、抓关键、透过现象看本质、知止以及迁移能力，这些底层能力让我在后面的职场上如虎添翼。

生命中的礼物，有时早早已经给了你，等你回看来时才恍然大悟。

那年，我从三本，以中美艺术史年级第一的成绩考上了研究生。我也第一次感受到，当全心全意将心注入想做的事情后，行动起来，好运就来。

02 即使迷茫，也要向前

研二的我，得到在雅昌艺术网做实习记者的机会。这是当时最难进的部门，由此我有了一段开窍、成长的经历。

我的思想、认知和眼界都在这段经历中有了极大的拓展。我从第三方视角见证了那个时期的艺术市场，并且领悟到要想迅速补齐对某个行业的认知，和业内核心人士的交流是最快、最深入的方法之一。

只要有机会，我就努力向前一步。我采访过顶尖艺术家、艺术评论家、画廊创办者，录制过艺术家专访视频，写过艺术人物专访文章。为了能言之有物，我每次采访前，都会做足功课，会全网搜遍对方出过的书，办过的展览，尽可能细致地列出采访的提纲。

我还记得一天下午，傍晚的太阳染红了天空，我和我曾经最想见的艺术家，坐在石阶上，聊他的展览，聊他的艺术历程，聊他的想法。那一刻，我感觉到愿望实现了。当我把完成的稿件给他后，他告诉我，写得很好很有深度。用心付出后收到偶像的认可，那份内心的欢喜至今仍然会鼓舞到我。

向前一步，也意味着站得更高，看到更多的真相。在接触顶尖艺术家的过程中，我发现自己的艺术天赋、资质、资源，实在不够让我去到我想到达的地方。

我不想只是做一个记录者、观察者，我想亲身经历并创造什么。但究竟是什么，那时的我还不知道。临近毕业，我也很迷茫。但我的信念告诉自己，即使迷茫，也要向前。果然，人生的转折很快就来了……

03 行动之中，自有机遇

艺术硕士毕业后，我完成从0到1的跨越，在体验设计咨询公司，我惊喜地发现，当年练出来的全局观、抓关键优先级、透过现象看本质、知“止”、迁移能力和审美能力在我做整体产品设计方案时，成为我的核心综合优势。

很快我从交互设计师，成为项目负责人。在此期间，作为联合作者，出版了《集创思维设计矩阵：写给互联网人的设计指南》。正当我为自己能够在这条职业道路上创造价值而欢喜时，发生了一件让我决定再次跃迁升级自己的事情。

那年我们团队负责为某企业优化迭代App，一开始接触这个项目的时候，我很兴奋，因为这个产品的关键地方优化后，可以起死回生。我们团队成功给出了全套解决方案，满心期待着对方按计划完成开发，进入市场后拿到惊艳的成绩。

可没想到年底的一天，团队成员突然跑来对我说："米哈，你知道吗？那家创业公司已经放弃App端，目前只更新公众号了。"我当即愣在了那里，然后失落地问道："他们不是应该正在开发进程中吗？"

"他们来找我们的时候，已经快把钱烧完了。他们虽然看好我们的设计方案，但已经付不起重复升级产品的研发成本了，所以就……"他说这话的时候眼睛望着窗外，看得出他也很失落。

太可惜了！如果最初遇到的设计团队就是我们，就不至于在前期白白烧那么多钱，走了那么多弯路。由于项目起步的时候，缺乏产品全局观，不清楚自身所处的阶段，没有平衡商业诉求、产品目标、用户体验的关系，导致产品策略和产品布局的失衡，最终导致根本没有用户愿意去用他们的产品，他们浪费了资金、消耗了时间、错失了机会，等到再要补救的时候为时已晚。

互联网上半场的竞争就是如此残酷。跑得慢，出局；跑偏了，出局；步子迈得太大，各方面资源跟不上其野心的时候，也只能出局。互联网的上半场，大家都是摸着石头过河，机遇、资源、能力、运气，都可能成为产品销声匿迹的原因。

在乙方公司就会面临这样的问题：给出再优秀再切实的整体优化方案，也可能存在无法落地的情况。我想要看到我设计的解决方案真切落地。

于是，我去了一家互联网金融公司。作为产品经理，我全盘负责从产品设计，到用户增长，再到商业变现。我是公司有史以来，第一个主动另外给配苹果笔记本电脑的产品经理。试用期不到半个月即被特批转正，并在一年内升为产品组组长。在当年工具类App产品用户量增速缓慢、商业化严重下滑的情况下，我负责期间，实现逆势增长，App用户量从百万级别跃至千万级别，在我规划的产品布局基础上，该App后续商业转化率提升了10倍以上。

在后来的职场生涯中，我还受前任老板邀请，担任服务设计项目负责人，带领30多位各领域专家的团队，完成公司的首个里程碑式项目——从0到1负责国内某机场的服务设计提升，成功帮助机场多年来首次通过中国民航协会质量标准验收。其中，累计的SOP超500余项。

在不断行动中，我发现我喜欢在工作中拨开迷雾见清晰世界的感觉，也发现了我的热情所在：

我希望通过我的体系化解决方案，帮老板的目标用户解决问题，提升用户满意度，提升用户净推荐值；帮企业提升内部效率；帮老板省下不必花的钱，赚到更多倍的钱！

现在的创业就像在巴音布鲁克上的拉力赛，一路上146道弯，而我多年的产品、项目操盘经验让我对路上每个关键弯道都十分熟悉，我能像领航员一样，全程陪跑企业项目，让中小企业商业价值最大化的同时，用户口碑爆棚。

回首这一路，我从交互设计师，做到产品负责人，再做到更广阔的服务设计项目负责人；从不懂产品的艺术生到独当一面，即使离职后还会被两任前老板，重新邀请带新的项目。在这其中，我一直相信，行动之中，自有机遇，好运藏在行动中。

与你共勉，愿你也能有行动的勇气。

美帆

三十而醒，告别职场迷茫，追寻天赋热爱

国际认证热情测试督导师（中国仅 6 位）
励帆教育创始人
天赋创富教练

在这个快节奏的时代，我们总是在匆匆忙忙赶路，却忘了停下来问问自己：心中的那份热爱与梦想，是否依然炽热如初？

01 从迷茫到觉醒：一场内心的革命

曾经的我做着一份很多女生都羡慕的工作：每天化着淡妆，穿着高跟鞋出入各种高端场所，经常在全国各大城市飞来飞去，过着旅行式的生活。

在别人看来，我是一个精致的职场精英。

只有我自己知道，我飞来飞去，却并不知道我的人生真正要去往哪里，更不知道我的心将归向何处。

每当我拖着行李箱，深夜一个人回家的时候，看到月光下长长的身影，我的整个心都充斥着寂寞和悲凉。我已经奔波太久了，我都忘了我为什么要来到这里，不知道谁会在那里等我，更不知道我活着的意义是什么。

我常想，明年我就辞职不干了，可是，到了第二年，因为不知道自己能做什么、适合做什么，只好又继续干一年，就这样，被迫坚持了8年。

我的同事里有很多人也跟我一样有离职的想法，毕竟对于年近

30、想要稳定下来的女孩子来说，每个月频频去外地出差，终究是没有安全感的。但大部分人也只是停留在想法上，每年都想离职，但第二年还是会继续做。

“也许我该知足”，我试图说服自己。可没有选择权的人生，何尝不让人感到困顿和绝望？

2016年的一次出差途中，我下了火车，想了半天竟然没反应过来自己身在哪座城市……

那一刻我觉得太悲哀了，委屈的泪水如决堤一般再也控制不住，我蹲在站台上不顾他人异样的眼光号啕大哭，身体也仿佛失控一般，在深不见底的无底洞中不停地下坠、下坠……

这样的生活，还要继续下去吗？

“不！”我内心的声音坚定地回应着我。

30岁，一个被社会赋予了无数标签的年龄，它像一座无形的山，压得我喘不过气来。但正是这份沉重，让我意识到：再不改变，就真的晚了。

痛苦到极致，加上年龄带给我的紧迫感，终于让我下定决心告别过去，告别行尸走肉的状态，告别惶惶不安的生活。

我终于辞职了。

02 坚定内心信念，成为点燃生命热情的热情导师

离开了熟悉的生活轨迹后，我并不知道要做什么。不过人真的很神奇，当你向生活发出一个信号，你告诉它，你要改变了，就会得到一个神奇的回馈。

那是一个有关于“热情测试”系统的课程，我敏锐地觉察到它可以帮到我，于是我毫不犹豫地抓住了这个机会，报名参加了课程，心中充满了期待与好奇。

我买了一张VIP座席，坐在最前面，当时我还不知道那一天对我意味着什么。

课程开始，进来一个红头发的女人，踩着一双比我穿的还要高的高跟鞋，竟然要带着全场跳舞，原本拘谨的我们瞬间被她的活力所感染。更不得了的是，很多人跳完一支舞后已经累得气喘吁吁，她还要再跳一支。

后来我才知道，这个红头发的女人竟然已经70多岁了，她是全球热情测试体系的创始人Janet。那一刻，我深刻体会到，年龄不过是数字，真正的生命在于如何热烈地活出自己的色彩。

我不记得她讲了什么，但是我在那天的课程中找到了我的热情：我想成为像她那样的人。

在她的引领下，我成为中国最早一批热情测试执导师，踏上了

帮助他人探索内心热情的旅程。这不仅是对他人的引导，更是对我自己的交代。

2016—2017年，我给了自己一年的“试错期”，在全国推广热情测试一对一个案和线下工作坊，看看这件事到底是不是自己真正喜欢的，我到底能不能做好。

那时的自由职业，在大多数人眼中还是一片未被充分理解的“荒原”。我确实也在那一年遇到了一些阻碍，甚至一度打起了退堂鼓。

在没有上班的日子里，我每日清晨与书籍为伴，用高倍速阅读法，在知识的海洋里畅游。我到处付费学习，不断地充实自己。那一年，我是自由职业者，也是一名“学生”。

我的老师，一位在行业内德高望重的前辈，她的话语如同冬日里的一盆冷水，让我瞬间清醒，她说：“长期脱离职场，你会失去与社会的连接。”这话字字如针，刺痛了我那颗本就敏感的心。

紧接着，好友也加入“劝退大军”。她以亲身经历告诉我，做咨询与开工作坊很难赚到大钱，劝我回归传统职场。

双重打击之下，我几乎要缴械投降。但是一回想起过去八年在职场的光阴，为了谋生我只能做自己并不热爱的工作，我犹豫了。

正当我进退两难之际，一次偶然的聚会成了转折点。

那天，我跟一起学习的朋友在上海聚会，晚上9点散场的时候，大家都不约而同地打车离开，只有我一个人默默地往地铁站走去，因为觉得打车贵，不舍得花那个钱。

行走在灯火阑珊的城市，穿梭在来来往往的人群里，那一刻我突然明白了，师长好友的好言相劝，只是担心我这样的选择无法保障生活的稳定，更怕我被社会的洪流所遗弃。

我很感谢他们的提醒，但我也意识到，这个世界上肯定不止我一个人，是想通过做自己喜欢的事情而赚到钱的。当别人不看好你的时候，你更要努力把这件事做成，这样才能鼓励更多的人去追随自己的热情。

2021年盖洛普研究显示，全球的工薪阶层当中，只有15%的人充满热情地投入工作，而这个数据在中国更低，只有7%。这意味着93%的人，每天从事的工作并不能带来愉悦感和成就感。这7%的数据让我很惊愕。

我最终做出了那个勇敢的决定——给自己一年的时间，全身心投入热爱的事业，去探索、去尝试、去证明：做自己喜欢的事，同样可以养活自己，甚至创造不凡。

03 天赋结合热爱，点亮他人的生命之光

我踏上了自我探索的征途，从热情测试到心理学。这些工具如同灯塔，照亮了我内心深处未被触及的角落，让我开始理解，每个人都是独一无二的，都拥有属于自己的光芒。

与此同时，我将所学知识融合在一起，帮助他人进行自我探

索。然而，我发现这并非易事。在这个物质至上的社会，很多人只关注如何赚钱，想要的只是一个可以马上变现的商机，并不在意自我探索的重要性。

实际上，我们每个人出生时都是自带“个人使用说明书”的，只有掌握它，才能把你自带的功能发挥出来，解锁属于自己的无限可能。

很多人到老都非常迷茫，读书的时候不知道选什么专业，毕业了不知道从事什么工作，到了三四十岁，还在处处碰壁，或者做着一份别人看着不错，自己却十分不开心的工作。想换工作，成本会非常高；不换，内心又感到痛苦。而这一切，本可以在早期通过自我探索来避免。

每个人都有自己独一无二的天赋，你的天赋是你贡献给这个世界的礼物，是你来到地球的目的。

你的热情是命运的线索，是开启使命之门的钥匙。

帮助他人进行自我探索的工作持续做了七八年之后，确实影响了上万人。截至目前，我累计辅导了超过5000名学员，成为很多职场人和创业者指定的天赋热情导师，学员除了普通妈妈，还包含世界500强企业高管、年入千万的MCN机构创始人、微博300万粉丝大V、胡润百富榜特邀嘉宾等。

每位学员一点一滴的改变，都让我感到欣喜。

学员振红，刚开始自我探索的时候正处在人生的低谷期，离婚、负债百万，仿佛全世界都在与她为敌。后来，她在我们的社群里逐渐找回了自己，也给很多人带去了帮助，慢慢地，开始有人找她做咨询，她现在月入过万了，在圈子里小有名气。

在体制内工作的曦曦Cici，想看看工作之外有没有其他可能性，她下班后开始去找能滋养自己的事情做，一不小心创造了不菲的副业收入。

武汉的悠悠，曾做过10年教师，因不堪忍受单调又乏味的工作，中年开始探索职业可能性，跌跌撞撞探索了4年，亏掉15万元，在第5年低谷期开始跟随我学习，一个月摆脱内耗，开启付费咨询，半个月挣了30万元。

出成果的学员越来越多，这让我更坚定了从事这份事业的决心。虽然这是一个小众赛道，但我所做的事情是必要且紧迫的。

回顾一生时，很多人都会回到那个“灵魂终极三问”之中：我是谁？我从哪里来？要到哪里去？

我们一生都在探索这个问题，到老都没有找到答案。如果我们有机会探索，为什么不早一点开始？

如今的我，已经将目标聚焦在“事业妈妈”这一群体上。

当我结了婚，有了孩子之后，我逐渐发现，身边有太多像我一样的事业妈妈，她们在职场中披荆斩棘，回到家中又可成为温柔的港湾。她们扮演的是双重角色，承受了比常人更多的压力。

于是，我决定将我的热情与经验倾注在这些了不起的女性身上，为她们提供一份支持、一份力量。我想帮助事业妈妈实现育儿与事业的双重胜利，让生活的每一个角落都充满爱与光芒。

亲爱的你，无论你正处于人生的哪个阶段，无论你的梦想多么遥远，都请记得，你并不孤单。在这条生命探索的路上，我愿成为你的同行者，与你一起，解锁那些隐藏在内心深处的潜能，共同迈向财富满满、幸福翻番的人生！

西祖

用阅读汲取力量，用写作绽放光芒

读书博主，年阅读 100 多本图书
纸媒上稿 100 多篇的创作者
《AI 写作宝典》金牌私域营销顾问

如果你问我人生中最富足的体验是什么？那我一定会毫不犹豫地告诉你：一出生就实现看书自由。因为家里是开书店的，所以我从小就是闻着墨香长大的。在我还没有书架高的时候，阅读便是我生命中最耀眼的一道光，照亮我的整个学生时代。

2023年5月13日，一位粉丝在我的小红书笔记《把生活写下来“你若提笔，便是作家”》下留言：“哇哦，从小家里就有书店，真是精神富足。也许哪天就看到一个名叫‘西祖’的作家写了一本畅销书。”这条留言我看过好多遍，心想这一定要成为现实。

念念不忘，必有回响。我用阅读汲取力量，用写作绽放光芒，一路向前书写我的生命序章。我始终相信：只要心中怀揣着梦想，脚踏实地一步步前行，终有一天，一定能实现属于我的作家梦。今天，就与你分享我一路追梦的生命故事。

01 阅读的种子，生发写作的芽

“这娃以后是要靠笔杆子吃饭的。”说这话的人是我奶奶，而这个“娃”就是我。奶奶说这话的时候，我大概八九岁的样子。当时，家里其他女孩都在学着大人模样做饭，只有我一个人愿意去做烧火的活，因为边烧火可以边看书。

由于爱看书的缘故，从小到大我都偏科严重，语文成绩一直名列前茅，作文也几乎篇篇被当作范文，每个教过我的语文老师都对我印象深刻。从小埋藏于我心中的“作家梦”因为阅读的好习惯，一直被浇灌，这些年从来不曾停下。

高考作文57分（满分60分），上了大学后，我担任过学院记者站站长、文学社创作部长。我每周都在图书馆或图书城浸泡，这些与书相伴的日子，总让我感觉到安心。与此同时，我还在学校网站上、纸媒上陆续发表文章，大学期间就赚到了2000多块钱的稿费。

上稿给了我很大的成就感。然而，我的内心始终有一些小小的遗憾。因为某些原因，大学专业不是我喜欢的，所以工作后的我多少有点拧巴不自信。但是生活还是要继续，我只得一边融入工作环境，一边坚持读书写作。大量的阅读输入，反哺了我的写作输出。

因为坚持写作，我陆续在企业报纸上发表了上百篇文章，成为公司里叫得上名的“笔杆子”，就连企报编辑都认识我！办公室多次向我约稿并高质量完成，我也连续多年参加公司征文比赛并屡次获奖。写作成为我的职场放大器，给了我很大的自信。

现在的我，很喜欢也很珍惜我的工作。但是毫不夸张地说，我几乎是用了10年的时间，才与自己的工作和解。曾经我最向往的工作，是成为一名出版社的编辑，然而阴差阳错，我并没有走上这条职业道路。而后来我又觉得在工作保证我温饱的前提下，成为一名职场自由撰稿人好像也不错。

“阅读是灵魂的粮食，写作则是心灵的倾诉。”每一次翻阅书页，都是与智者对话的过程，他们教会我思考，赋予我灵感。而写作，则是我表达自我、探索世界的独特方式。从最初的笔触稚嫩到如今能够驾驭文字的自如，每一步都凝聚着汗水与坚持，更见证了我从读者到作者的华丽蜕变。

02 双重的迷茫，开出双生的花

职场生涯犹如一列疾驰的长途列车，我逐渐从青涩的新手成长为能独当一面的职场人。时间的车轮滚滚向前，我肩上的担子也日益沉重，不仅深入参与多个科研项目，还代表公司亮相行业盛会，每一次亮相都是对自我能力的锤炼与肯定。

然而，生活的天平另一端，婚姻与家庭的重担悄然降临。结婚生子后，辅导孩子作业，参与孩子成长的每一步等，成为我不可或缺的日常。但在这份温馨与幸福背后，我也不得不面对女性在职场中的隐形天花板，以及教育内卷所带来的巨大压力。

这些现实让我时常陷入焦虑与迷茫的旋涡之中。为了寻找内心的出口，我开始重拾读书的爱好，并在线上报名了写作课程来学习。家人一开始不能理解，工作一天已经够辛苦了，怎么晚上回到家又是看书，又是上课的？不累吗？身体的累是外在的，相比之下，心灵的充实和自由让我更向往。

下班后读书写作的日子久了，家人也没有再说什么。相反，老公会送来一杯水，告诉我他带孩子出去运动；孩子也会在写完作业之后，拿本书坐在我旁边自己看起来；婆婆更是叫我不要太辛苦，早点休息……而我因为有读书和写作为伴，内心和情绪都平和了很多。

在工作之余，我用一年时间，读完了100本书，并完成了100万字的自由书写。在与内心对话的过程中，我逐渐找回了对生活的掌控感。值得一提的是，这一年企报上稿、征文获奖都没有落下。当然我也逐渐意识到，平衡工作和家庭本身就是个伪命题。

“迷茫是成长的催化剂，挑战是进步的阶梯。”职场妈妈也可以有自己的幸福密码，我们可以通过阅读来扩宽视野，获得育儿启发；通过写作来自我调频，保持对生活的热爱。与工作和解后，我意识到读书和写作能帮我缓解焦虑与迷茫，而且也正是我热爱的事情。

在双重迷茫中，我学会了平衡与取舍，更重要的是，我找到了“富养自己灵魂”的方式——阅读与写作。它们如同双生花，绽放于职场，助我披荆斩棘；盛开于家庭，让我享受亲情的温暖。相辅相成，共同构成了我丰富多彩的人生画卷。

03 副业的探索，撬动梦想的果

两年前，我成为一名读书博主，通过在小红书上分享自己的读书心得和笔记，结识了许多志同道合的书友，也积累了很多粉丝。为了方便书友们交流读书心得，陪伴新手博主快速成长，我建立了名为“小红书博主陪伴营”的社群。

社群运营一年后，我陪伴上百位新手博主突破千粉，实现看书自由，给很多新人无偿介绍资源，让社群里的小伙伴们更加热爱读书与分享，开启副业变现。而我自己设计的“私教陪跑”年卡产品，首次发售就取得了不错的成绩。

2024年1月，弘丹老师新书打榜，我悄悄定了“100本”的小目标，但是心里直打鼓，老师私信给我打气。在读书博主的圈子里卖书并不是件容易的事情，我硬着头皮在群里“吆喝”起来，希望有朋友助力我达成100本的小目标。

后来的事情，简直出乎我的意料。在大家的鼓励和帮助下，10天我竟然爆卖了630本，拿到个人榜销冠的同时，超额实现自己的目标！再后来，我收到“弘丹写作超级影响力人物”奖杯和“《AI写作宝典》金牌私域营销顾问”聘书！

复盘整个活动过程，从一开始“写下来的梦想更容易实现”，到读书博主圈子里的小伙伴用实际行动助力我达成目标，再到我和转介绍的新人因书结缘……我一直没有离开读书和写作的技能加持，同时也曾被人笑称我这是“十年磨一剑，人品大爆发”！我只是一直在做自己热爱的事情。

“梦想不会自动成真，但努力可以拉近与梦想的距离。”在副业探索过程中，我深刻体会到，只有将热爱转化为行动，才能在成长的路上勇敢地去追梦。我坚信，只要心中有梦，脚下就有路，而阅读与写作是我人生路上永远的灯塔，照亮我前行的方向。

每一本书都是一扇门，打开后能通往一个崭新的世界。阅读不仅丰富了我的精神世界，也为我的写作打下坚实的基础。从小到大，我在写作上取得的诸多成绩，也让我更加坚定了自己的作家梦。

虽然我至今依然没有做到奶奶口中的“靠笔杆子吃饭”，但是写作对于我而言，绝对是生命中不可割裂的重要组成部分。现在每天阅读和写作，已经成为我的习惯。每次写下自己的生命故事，总会有新的感悟。这一次，我一提笔，便是作家。

每一次落笔，都是心灵的触碰；每一次阅读，都是灵魂的远行。我深知每本书都是通往无限可能的钥匙，写作更是自我发现的旅程。此刻我提笔行动，不仅是作家，更是生命故事的记录者。我的过去与未来的故事，就让文字成为连接的桥梁呈现给大家吧！